RACIOCÍNIO LÓGICO E INTRODUÇÃO À ÁLGEBRA DE BOOLE

MARCO ANTÔNIO SANTORO BARA

RACIOCÍNIO LÓGICO E INTRODUÇÃO À ÁLGEBRA DE BOOLE

Freitas Bastos Editora

Copyright © 2022 by Marco Antônio Santoro Bara

Todos os direitos reservados e protegidos pela Lei 9.610, de 19.2.1998. É proibida a reprodução total ou parcial, por quaisquer meios, bem como a produção de apostilas, sem autorização prévia, por escrito, da Editora. Direitos exclusivos da edição e distribuição em língua portuguesa: **Maria Augusta Delgado Livraria, Distribuidora e Editora**

Editor: Isaac D. Abulafia
Diagramação e Capa: Madalena Araújo

Dados Internacionais de Catalogação na Publicação (CIP) de acordo com ISBD

B223r	Bara, Marco Antônio Santoro
	Raciocínio Lógico e Introdução à Álgebra de Boole / Marco Antônio Santoro Bara. - Rio de Janeiro, RJ: Freitas Bastos, 2022.
	348p. : 15,5cm x 23cm.
	ISBN: 978-65-5675-215-0
	1. Matemática. 2. Raciocínio Lógico. 3. Introdução à Álgebra de Boole. I. Título.
2022-2981	CDD 512
	CDU 51

Elaborado por Vagner Rodolfo da Silva - CRB-8/9410

Índice para catálogo sistemático:
1. Matemática 512
2. Matemática 51

Freitas Bastos Editora
atendimento@freitasbastos.com
www.freitasbastos.com

Dedico este livro aos meus pais Marleine e Olivino, à minha esposa Scarlet e aos meus filhos Ana Paula e Rodrigo Augusto.

Agradecimento especial ao meu irmão Prof. Julio César Santoro Bara que efetuou a revisão gráfica desta obra.

APRESENTAÇÃO

Sempre tive em meu irmão um exemplo.

O professor Marco lecionou as disciplinas de Raciocínio Lógico e Álgebra Booleana por mais de 35 anos, e essa experiência culminou neste livro.

Esta obra, além de contemplar assuntos pertinentes às disciplinas ministradas em cursos superiores, também abrange questões relacionadas a concursos públicos.

Você que hoje inicia seus estudos nestas disciplinas, permita-me aconselhá-los:

- Não cometam o erro em ler capítulos isolados. Pois, os capítulos iniciais são pré-requisitos para o entendimento dos demais.

- Antes de passar para o próximo capítulo, faça os exercícios propostos. Pratique, não desista, erre e continue tentando. Este *modus operandi* proporcionará uma melhor compreensão de todas as regras que a lógica matemática nos ensina e cada vez mais fará sentido.

- Algumas informações estão implícitas. Como todo bom livro tem que ter mistério, este não foge a regra. Daí a importância em ler capítulo por capítulo, sequencialmente.

Ao terminar de ler este livro, você notará uma evolução substancial na forma de pensar, de raciocinar.

Divirtam-se!

JULIO CESAR SANTORO BARA
Licenciado em Matemática
Especialista em Educação
Canal no Youtube de vídeo aulas em Matemática
(Julio Bara – Matemática)

PREFÁCIO

É com muita alegria e uma imensa responsabilidade que recebemos o convite para escrever essas poucas palavras do livro do professor Marco.

Eu, Isabelle, tenho um orgulho e uma admiração desde o primeiro momento que foi meu professor na Faculdade, em 1995, professor de Lógica Matemática. Era a graduação em Informática, uma disciplina temida por muitos, mas a sua forma de trabalhar, a leveza e a alegria com que explicava deixava as aulas e todo aquele conteúdo aparentemente complexo, mais simples! Lembro como se fosse hoje das pausas entre as explicações, buscando nossa atenção, trazendo indagações e questionamentos. E aquelas tabelas-verdades com 4 proposições, o caderno não comportava o tamanho da resolução de 32 linhas! Mas eu via poesia naquilo tudo, ficava encantada, aqueles operadores lógicos me fascinavam, a construção de argumentos, a análise do resultado de cada sentença, os novos questionamentos que apareceriam. A resposta era uma única, mas a quantidade de tentativas e erros até chegar ao resultado, era onde existia o maior aprendizado. Após formada, tive a oportunidade de trabalhar com essa disciplina e ainda obtive sua ajuda para a indicação de livros, autores, e hoje venho aqui agradecer e dizer o quanto fez a diferença em toda minha trajetória profissional. O estudo da lógica vai além de se preparar para concursos públicos, ou para as provas da Faculdade, ela nos ajuda a organizar nosso pensamento. Por meio de determinadas regras, podemos conhecer melhor a estrutura das sentenças, que vão além de operações matemáticas, elas são frases que nos fazem perceber a maneira como escrevemos e como falamos. Estudar a lógica matemática, é muito mais do que treinar a resolução de vários exercícios, é buscar novos questionamentos, trazer reflexões, é pensar de maneira diferente com que estávamos acostumados a pensar.

ISABELLE CHRISTINE MOLETTA
Bacharel em Informática
Mestre em educação

SUMÁRIO

15 **CAPÍTULO 1**
INTRODUÇÃO 15
SISTEMAS DICOTÔMICOS 16
PROPOSIÇÃO 16
TABELA VERDADE 20
PARÊNTESES 24
EXERCÍCIOS RESOLVIDOS 27
TAUTOLOGIA, CONTRADIÇÃO E CONTINGÊNCIA 30
EXERCÍCIOS PROPOSTOS 32

35 **CAPÍTULO 2**
RELAÇÃO DE IMPLICAÇÃO LÓGICA 35
TAUTOLOGIA E IMPLICAÇÃO LÓGICA 36
RELAÇÃO DE EQUIVALÊNCIA LÓGICA 37
TAUTOLOGIA E EQUIVALÊNCIA LÓGICA 38
EXERCÍCIOS PROPOSTOS 39

41 **CAPÍTULO 3**
EQUIVALÊNCIAS NOTÁVEIS 41
EXERCÍCIOS PROPOSTOS 43

45 CAPÍTULO 4
ARGUMENTO VÁLIDO 45
SILOGISMOS 48
DILEMA CONSTRUTIVO 50
DILEMA DESTRUTIVO 51
REGRAS DE INFERÊNCIA 52
MODUS PONENS 54
MODUS TOLLENS 55
EXERCÍCIOS RESOLVIDOS 56
EXERCÍCIOS PROPOSTOS 58

59 CAPÍTULO 5
TÉCNICAS DEDUTIVAS 59
FLUXOGRAMAS 64
EXERCÍCIOS PROPOSTOS 74

79 CAPÍTULO 6
INCONSISTÊNCIA 79

87 CAPÍTULO 7
PROVA CONDICIONAL 87
EXERCÍCIOS PROPOSTOS 95

97 CAPÍTULO 8
DEMONSTRAÇÃO INDIRETA OU POR
REDUÇÃO AO ABSURDO 97
EXERCÍCIOS PROPOSTOS 104

105 CAPÍTULO 9

- CÁLCULO DOS PREDICADOS 105
- QUANTIFICADORES 105
- EXERCÍCIOS PROPOSTOS 108
- NEGAÇÃO DE SENTENÇAS QUANTIFICADAS 110
- EXERCÍCIOS PROPOSTOS 113
- SENTENÇAS ABERTAS COM DUAS VARIÁVEIS 115
- CONJUNTO VERDADE DE UMA SENTENÇA ABERTA COM DUAS VARIÁVEIS 116
- QUANTIFICAÇÃO MÚLTIPLA 116
- COMUTATIVIDADE DOS QUANTIFICADORES 117
- NEGAÇÃO DE PROPOSIÇÕES COM QUANTIFICADORES 118
- EXERCÍCIOS PROPOSTOS 119
- ARGUMENTOS VÁLIDOS COM QUANTIFICADORES 124
- EXERCÍCIOS PROPOSTOS (DIVERSOS CONCURSOS) 128

153 CAPÍTULO 10

- INTERRUPTORES 153
- EXERCÍCIOS PROPOSTOS 158

161 CAPÍTULO 11

- CONJUNTOS 161
- EXERCÍCIOS PROPOSTOS 167
- ESTUDO E APLICAÇÃO DOS CONECTIVOS 169
- EXERCÍCIOS PROPOSTOS 172

175 CAPÍTULO 12
INTRODUÇÃO À ÁLGEBRA DE BOOLE..................175
AXIOMAS..................176
TEOREMAS..................177
EXERCÍCIOS..................181
EXERCÍCIOS PROPOSTOS..................184
FUNÇÕES BOOLEANAS..................186
PROPRIEDADES..................187
EXERCÍCIOS..................195
EXERCÍCIOS PROPOSTOS..................202
MINIMIZAÇÃO DE FUNÇÕES..................203

209 RESOLUÇÃO PARA OS EXERCÍCIOS PROPOSTOS

347 BIBLIOGRAFIA

CAPÍTULO 1

INTRODUÇÃO

A lógica matemática surgiu por volta do século XIX, quando era estudada independente da lógica, a qual teve bases no silogismo de Aristóteles, também aplicado ao raciocínio lógico. Para o filósofo, as premissas são juízos que antecedem a conclusão.

O Raciocínio lógico é uma sequência de raciocínios que nos permitem, chegar à conclusão ou resolver um problema, respeitando determinadas regras. Esse raciocínio nos permite, resolver problemas do dia a dia. Ele está mais relacionado à nossa habilidade de seguir um caminho correto para a resolução de um problema do que basicamente nossa habilidade com os números.

O **raciocínio lógico matemático** tem sido praticado nas escolas e principalmente cobrado em concursos públicos. Por estes motivos, esta obra vem para aprimorar o seu raciocínio lógico, pois entendemos que todos nós possuímos um raciocínio para resolução de problemas, faltando, algumas vezes, o conhecimento de regras básicas da lógica para concatenar uma sequência correta.

SISTEMAS DICOTÔMICOS

Um sistema é dito dicotômico ou binário, quando se admite apenas duas possibilidades. **Dicotomia é a divisão de um elemento em duas partes**, em geral, contrárias, como a noite e o dia, o bem e o mal, o verdadeiro e o falso, o aberto e o fechado, no sistema binário 1 e 0 etc.

A origem da palavra dicotomia vem do grego *dikhotomía*, uma dicotomia indica uma classificação que é fundamentada em uma divisão entre dois elementos.

PROPOSIÇÃO

É uma afirmação, sentença declarativa que pode ser verdadeira ou falsa. Portanto, trata-se de um sistema dicotômico. Não é uma definição, pois é um conceito que se aceita sem definição, é um conceito primitivo que exprime um pensamento de sentido completo.

Exemplos de proposições:

1. Brasília é a capital do Brasil. (proposição verdadeira)
2. Florianópolis não é a capital de Santa Catarina. (proposição falsa)
3. O homem desceu em Júpiter? (não é uma proposição)

Valor Verdade: valor verdade de uma proposição são os valores V se ela for verdadeira e F se ela for falsa.

Princípio da Não Contradição: toda proposição não pode ser verdadeira e falsa ao mesmo tempo.

Princípio do Terceiro Excluído: toda proposição ou é verdadeira ou é falsa. (não existe outra hipótese).

1. Proposição Simples

É aquela constituída por uma única afirmativa.

Exemplos:

O carro tem duas rodas.
Os porcos falam.
As vacas são chifrudas.

2. Proposição Composta

Quando é constituída de duas ou mais proposições simples.

Exemplos:

As vacas são chifrudas **e** os porcos falam.
Daniel é mecânico **ou** os porcos falam.

Conectivos

São palavras que servem para ligar duas ou mais proposições simples formando as compostas.

1. **Conectivo de Negação**

   Seja p uma proposição sua negação é denotada ~ p (lê-se: não é verdade que p).

   Exemplo:

   Seja a proposição p: Rodrigo é arquiteto.
   ~ p: não é verdade que Rodrigo é arquiteto.

2. **Conectivo Condicional**

   É usado sempre que tivermos duas proposições p e q onde q é consequência de p. É denotado por p→q (lê-se: se p então q).

   Exemplo:

   Se fizer sol irei ao clube, se não fizer sol ficarei estudando.

   p: se fizer sol
   q: irei ao clube $\quad$ p → q (se p então q)

   ~ p: se não fizer sol
   r: ficarei estudando $\quad$ ~ p → r (se não p então r)

3. **Conectivo Bicondicional**

   Sejam p e q duas proposições. Se p é condição para q, e q é condição para p temos o bicondicional, denotado por p↔q. (lê-se: p se e somente se q).

Exemplo:

p: se eu estudar.
q: conseguirei minha aprovação.
p → q: Se eu estudar então conseguirei minha aprovação.
q → p: conseguirei minha aprovação se eu estudar.

4. Conectivo de Conjunção (e)

Denotado por p $\wedge$ q : lê-se p e q.

Exemplo:

p: Ana é musicista.
q: Rodrigo é arquiteto.
p $\wedge$ q: Ana é musicista e Rodrigo é arquiteto.

5. Conectivo de Disjunção (ou)

Denotado por p V q: lê-se p ou q.

Exemplo:

p: Scarlet é pedagoga.
q: Júlio é professor.
p V q : Scarlet é pedagoga ou Júlio é professor.

6. Conectivo de Disjunção Exclusiva (ou exclusivo)

Denotado por p $\underline{V}$ q: lê-se p ou q.
Observação: Na linguagem comum a palavra ou tem dois sentidos. Sejam as proposições:
p: Júlio é médico ou professor.
q: Márcio é paulista ou carioca.

Na proposição p está indicando que pelo menos uma das proposições "Júlio é médico", "Júlio é professor" podendo ser ambas verdadeiras: "Júlio é médico e professor".

Já o que não acontece na proposição q, isto é, não é possível ocorrer "Márcio é paulista e carioca".

Em lógica matemática usa-se habitualmente o símbolo V para o **ou** inclusivo e V̲ para o **ou** exclusivo.

TABELA VERDADE

As tabelas verdade são construídas para nos auxiliarem na determinação do valor lógico de uma proposição composta ou da negação de uma proposição simples.

O número de linhas de uma tabela verdade será dado por 2^n onde n é o número de proposições simples. Portanto, se possuirmos uma única proposição simples o número de linhas da tabela verdade serão duas. Se forem duas proposições simples o número de linhas da tabela verdade serão quatro e assim sucessivamente, se forem três proposições simples, serão oito linhas na tabela verdade.

Número de proposições	Número de linhas na TV
1	2
2	4
3	8
4	16
5	32

Conectivo de Negação

Denotada ~ p (lê-se: não é verdade que p).

Diz-se negação de uma proposição p a proposição representada por ~ p, cujo valor lógico é a falsidade quando p é verdadeira e a verdade quando p é falsa, como na tabela abaixo:

p	~ p
V	F
F	V

Conectivo Condicional

Denotado por p→q (lê-se: se p então q).

Diz-se proposição condicional uma proposição representada por p→q, cujo valor lógico é a falsidade quando p é verdadeira e q é falsa. Caso contrário será sempre verdadeiro, conforme tabela abaixo:

p	q	p → q
V	V	V
V	F	F
F	V	V
F	F	V

Conectivo Bicondicional

Denotado por p↔q. (lê-se: p se e somente se q).

Diz-se proposição bicondicional uma proposição representada por p↔q, cujo valor lógico é a verdade quando ambas tiverem o mesmo valor lógico. Caso contrário será sempre falsa, conforme tabela abaixo:

p	q	p ↔ q
V	V	V
V	F	F
F	V	F
F	F	V

Conectivo de Conjunção (e)

Denotado por p ∧ q: (lê-se p e q).

Diz-se conjunção de duas proposições p e q a proposição representada por p∧q, cujo valor lógico será a verdade quando ambas as proposições forem verdadeiras. Caso contrário será sempre a falsidade, conforme tabela abaixo.

p	q	p ∧ q
V	V	V
V	F	F
F	V	F
F	F	F

Conectivo de Disjunção (ou)

Denotado por p V q: (lê-se p ou q).

Diz-se disjunção de duas proposições p e q a proposição representada por pVq, cujo valor lógico será a falsidade quando ambas foram falsas. Caso contrário será sempre verdadeiro, conforme tabela abaixo:

p	q	p V q
V	V	V
V	F	V
F	V	V
F	F	F

Conectivo de Disjunção Exclusiva (ou exclusivo)

Denotado por p $\underline{V}$ q: (lê-se p ou q).

Diz-se disjunção exclusiva de duas proposições p e q a proposição representada por p $\underline{V}$ q, cujo valor lógico será a falsidade quando ambas tiverem o mesmo valor lógico, isto é, ou ambas falsas ou ambas verdadeiras. Caso contrário será sempre verdadeiro, conforme tabela abaixo:

p	q	p $\underline{V}$ q
V	V	F
V	F	V
F	V	V
F	F	F

Resumindo:

p	q	~p	p∧q	p∨q	p$\underline{V}$q	p→q	p↔q
V	V	F	V	V	F	V	V
V	F	F	F	V	V	F	F
F	V	V	F	V	V	V	F
F	F	V	F	F	F	V	V

Exemplo:
Construir a tabela verdade da proposição abaixo:

1. ~ (p ∧ ~ q)

Método longo

p	q	~q	p ∧ ~q	~ (p ∧ ~q)
V	V	F	F	V
V	F	V	V	F
F	V	F	F	V
F	F	V	F	V

PARÊNTESES

A necessidade da utilização de parênteses na escrita de formas sentenciais é importante, pois os parênteses estabelecem a ordem que devem ser efetuadas as operações. Uma expressão como p ∧ q V r pode significar ou (p ∧ q) V r ou p ∧ (q V r) e estas duas formas sentenciais não são equivalentes.

Os parênteses são necessários, mas há muitos casos em que alguns parênteses podem ser omitidos.

Convenção

I. Omitimos o par de parênteses ao redor de uma negação (~ p). Assim no lugar de (~ p) V q escrevemos simplesmente ~ p V q.

Isto não deve ser confundido com ~ (p V q).

II. Para qualquer conectivo binário adotamos o princípio da associação à esquerda.

Por exemplo:

p ∧ q ∧ r denotará (p ∧ q) ∧ r

p → q → r denotará (p → q) → r

III. A ordem decrescente será:

1º) ↔

2º) →

3º) ∧, V, V̲

4º) ~

Portanto, o conectivo mais fraco é ~ e o mais forte ↔.

Assim, por exemplo:

1.

~	p	→	q	↔	r	∧	s
2	1	3	1	4	1	2	1

2.

~	(p	→	(q	↔	r)	∧	s)
5	1	4	1	2	1	3	1

3.

p	∧	q	↔	r	→	s	↔	~	p
1	2	1	3	1	2	1	4	2	1

Exemplo:
Construir a tabela verdade da proposição abaixo:

1. ~ (p ∧ ~ q)

O método curto, consiste em atribuir os valores lógicos para as proposições simples p e q, que estão no nível-1.

~	(p	∧	~	q)
	V			V
	V			F
	F			V
	F			F
	1			1

Na sequência verificar os valores lógicos dos conectivos que estão dentro dos parênteses, que no caso são os conectivos ∧ e ~. Como o conectivo de negação é mais fraco do que o conectivo de conjunção, a negação dentro dos parênteses fica com o nível-2 (negando a proposição q) e a conjunção com o nível-3 (conjunção das proposições p, nível-1 e a negação de q, nível-2).

~	(p	∧	~	q)
	V		F	V
	V		V	F
	F		F	V
	F		V	F
	1		2	1

~	(p	∧	~	q)
	V	F	F	V
	V	V	V	F
	F	F	F	V
	F	F	V	F
	1	3	2	1

Finalmente a negação fora dos parênteses será o nível-4, pois o parêntese está dando a força para a negação, (negação do nível-3).

~	(p	∧	~	q)
V	V	F	F	V
F	V	V	V	F
V	F	F	F	V
V	F	F	V	F
4	1	3	2	1

EXERCÍCIOS RESOLVIDOS

Construir a tabela verdade das proposições abaixo (pelo método curto).

1. ~ p ∧ q

~	p	∧	q
F	V	F	V
F	V	F	F
V	F	V	V
V	F	F	F
2	1	3	1

2. ~ (p ∧ q)

~	(p	∧	q)
F	V	V	V
V	V	F	F
V	F	F	V
V	F	F	F
3	1	2	1

3. ~ (p → ~ q)

~	(p	→	~	q)
V	V	F	F	V
F	V	V	V	F
F	F	V	F	V
F	F	V	V	F
4	1	3	2	1

4. (p ∧ q) → (p ∨ q)

(p	∧	q)	→	(p	∨	q)
V	V	V	V	V	V	V
V	F	F	V	V	V	F
F	F	V	V	F	V	V
F	F	F	V	F	F	F
1	2	1	3	1	2	1

5. $((p \to q) \land (q \to r)) \to (p \to r)$

((p	→	q)	∧	(q	→	r))	→	(p	→	r)
V	V	V	V	V	V	V	**V**	V	V	V
V	V	V	F	V	F	F	**V**	V	F	F
V	F	F	F	F	V	V	**V**	V	V	V
V	F	F	F	F	V	F	**V**	V	F	F
F	V	V	V	V	V	V	**V**	F	V	V
F	V	V	F	V	F	F	**V**	F	V	F
F	V	F	V	F	V	V	**V**	F	V	V
F	V	F	V	F	V	F	**V**	F	V	F
1	2	1	3	1	2	1	4	1	2	1

6. $(((p \to q) \land (r \to s)) \land (p \lor r)) \to (q \lor s)$

(((p	→	q)	∧	(r	→	s))	∧	(p	∨	r))	→	(q	∨	s)
V	V	V	V	V	V	V	V	V	V	V	**V**	V	V	V
V	V	V	F	V	F	F	F	V	V	V	**V**	V	V	F
V	V	V	V	F	V	V	V	V	V	F	**V**	V	V	V
V	V	V	V	F	V	F	V	V	V	F	**V**	V	V	F
V	F	F	F	V	V	V	F	V	V	V	**V**	F	V	V
V	F	F	F	V	F	F	F	V	V	V	**V**	F	F	F
V	F	F	F	F	V	V	F	V	V	F	**V**	F	V	V
V	F	F	F	F	V	F	F	V	V	F	**V**	F	F	F
F	V	V	V	V	V	V	V	F	V	V	**V**	V	V	V
F	V	V	F	V	F	F	F	F	V	V	**V**	V	V	F
F	V	V	V	F	V	V	F	F	F	F	**V**	V	V	V
F	V	V	V	F	V	F	F	F	F	F	**V**	V	V	F
F	V	F	V	V	V	V	V	F	V	V	**V**	F	V	V
F	V	F	F	V	F	F	F	F	V	V	**V**	F	F	F
F	V	F	V	F	V	V	F	F	F	F	**V**	F	V	V
F	V	F	V	F	V	F	V	F	F	F	**V**	F	F	F
1	2	1	3	1	2	1	4	1	2	1	5	1	2	1

TAUTOLOGIA, CONTRADIÇÃO E CONTINGÊNCIA

Quando o valor lógico de uma proposição composta for sempre a verdade, quaisquer que sejam os valores lógicos das proposições componentes temos uma **tautologia**. Quando o valor lógico for sempre a falsidade temos uma **contradição ou contraválida** e finalmente quando na tabela verdade de uma proposição composta ocorrem verdades e falsidades temos uma **indeterminação ou contingência**.

7. Sabendo que x, w e k são verdadeiras, y e z são falsas determinar o valor lógico da proposição composta:

    ~ ((x ∧ y) ↔ (y V z)) → ((k V x) ∧ (~ y → w))

    Neste caso, não há a necessidade de construir a tabela verdade completa, pois foram dados os valores lógicos das proposições simples. Portanto, o valor lógico da proposição composta é Verdade e é determinado com a construção de uma linha da tabela verdade.

~	((x	∧	y)	↔	(y	V	z))	→	((k	V	x)	∧	(~	y	→	w))
F	V	F	F	V	F	F	F	**V**	V	V	V	V	V	F	V	V
4	1	2	1	3	1	2	1	**5**	1	2	1	4	2	1	3	1

Obs.: A partir das próximas tabelas apresentadas, omitiremos os níveis de prioridades.

8. Construir a tabela verdade das proposições compostas abaixo identificando se é tautologia, contradição ou indeterminação:

a. Se eu estudar lógica então estarei preparado para o concurso.

p: Se eu estudar lógica.
q: Estarei preparado para o concurso.
p → q : Se eu estudar lógica então estarei preparado para o concurso.

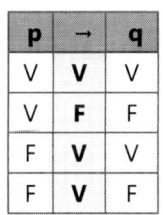

p	→	q
V	**V**	V
V	**F**	F
F	**V**	V
F	**V**	F

INDETERMINAÇÃO OU CONTIGÊNCIA.

b. Hoje é sexta-feira ou não é verdade que hoje é sexta-feira e feriado.

p: Hoje é sexta-feira.
q: Hoje é feriado.
p ∨ ~ (p ∧ q)

p	∨	~	(p	∧	q)
V	**V**	F	V	V	V
V	**V**	V	V	F	F
F	**V**	V	F	F	V
F	**V**	V	F	F	F

TAUTOLOGIA

c. O Brasil é muito rico e seu povo muito feliz e não é verdade que o Brasil é muito rico ou seu povo muito feliz.

p: O Brasil é muito rico.
q: Seu povo muito feliz.
(p ∧ q) ∧ ~ (p ∨ q)

(p	∧	q)	∧	~	(p	∨	q)
V	V	V	**F**	F	V	V	V
V	F	F	**F**	F	V	V	F
F	F	V	**F**	F	F	V	V
F	F	F	**F**	V	F	F	F

CONTRADIÇÃO

EXERCÍCIOS PROPOSTOS

1. Determinar o valor lógico das proposições compostas abaixo sabendo-se que p = V; q = F; r = F; s = V; t = V.

   a. (p → q) → ((r ↔ s) ∨ ~ t)
   b. (t ↔ ~ p ∨ q) → ~ (q $\underline{\vee}$ r)
   c. ((p ∧ r) → (s ∨ t)) ∧ ~ q

2. Verificar quais das seguintes proposições são tautologias, contradições ou contingentes:

   a. $p \to (\sim p \to q)$
   b. $\sim p \vee q \to (p \to q)$
   c. $p \to (q \to (q \to p))$
   d. $((p \to q) \leftrightarrow q) \to p$
   e. $(\sim p \to \sim q) \wedge (\sim q \to \sim r) \to (\sim p \to \sim r)$
   f. $(q \wedge r \to s) \wedge \sim s \to \sim (q \wedge r)$
   g. $(p \to q \wedge r) \wedge p \to q \wedge r$
   h. $(p \to q) \wedge (q \to r) \to \sim (p \to r)$

3. Verificar se as seguintes proposições compostas são tautológicas, contingentes ou contraválidas (contradição).

   a. $\sim (p \vee q) \to (p \leftrightarrow q)$
   b. $p \vee (p \wedge q) \leftrightarrow q$
   c. $(p \leftrightarrow q) \wedge p \to q$
   d. $(p \to q) \to (p \wedge r \to q)$
   e. $(p \to q) \to (p \to q \vee r)$
   f. $p \to (p \to q \wedge \sim q)$
   g. $\sim p \vee q \to (p \to q)$
   h. $p \vee q \to (p \leftrightarrow \sim q)$
   i. $p \wedge q \to (p \leftrightarrow q \vee r)$
   j. $p \vee \sim q \to (p \to \sim q)$

4. Sabendo-se que as proposições x = y e x = 1 são **Verdadeiras** e y = w e y = z são **Falsas**, determinar o valor lógico de cada uma das seguintes proposições compostas.

   a. x ≠ 1 ∨ x ≠ y → y ≠ z
   b. x ≠ y ∨ y ≠ z → y = w
   c. x = 1 ∧ x = y → y ≠ z
   d. x ≠ 1 ∨ y = w → y = z
   e. x = 1 → x ≠ y ∨ y ≠ w
   f. y ≠ w ↔ x = 1 ∧ y = z
   g. ~ (x = 1 ∨ y ≠ z) → x = y

5. Sendo as proposições p e q **Falsas** e r, s e t **Verdadeiras**, determinar o valor lógico das proposições compostas.

   a. p ∧ q → r ∧ s ↔ t ∨ ~ q ↔ ~ p $\veebar$ q
   b. (p ∧ (q → r ∧ s ↔ t)) ∨ ~ (q ↔ ~ p $\veebar$ q)
   c. (p ∧ q → r) ∧ (s ↔ t ∨ ~ q) ↔ ~ p $\veebar$ q
   d. ((p ∧ q → r ∧ s ↔ t) ∨ ~ q ↔ ~ p) $\veebar$ q

6. Elimine a maior quantidade de parênteses possível.

   a. ((~ (~ p) → r) ∧ ~ (((p ∨ q) → (q $\veebar$ s)) → (~ p)))
   b. ((p ∧ (~ r)) → ((p ∨ r) → (s $\veebar$ r)) ↔ (q ∨ r))
   c. ((~ ((~ p) ∧ r) → p ∧ r) ↔ ((p ∨ r) → q))

CAPÍTULO 2

RELAÇÃO DE IMPLICAÇÃO LÓGICA

Uma proposição p implica logicamente uma proposição q quando em suas tabelas verdade não ocorre verdade e falsidade (V e F) nesta ordem.

Será denotado por: p $\Rightarrow$ q (lê-se p implica logicamente em q).

Não é raro confundir os símbolos → e $\Rightarrow$. O primeiro representa uma operação entre proposições, o segundo indica apenas uma relação entre duas proposições dadas, isto é, o primeiro gera valor lógico, o segundo não. Portanto, não deve-se confundir.

Exemplos:

1.

p	∧	q	$\Rightarrow$	p	∨	q
V	**V**	V		V	**V**	V
V	**F**	F		V	**V**	F
F	**F**	V		F	**V**	V
F	**F**	F		F	**F**	F

Comparando-se as duas colunas, observa-se que não ocorreu V F nesta ordem, em cada linha. Portanto, ocorreu a implicação lógica.

2.

(p	∧	q)	⇒	~	(p	∨	q)
V	V	V		F	V	V	V
V	F	F		F	V	V	F
F	F	V		F	F	V	V
F	F	F		V	F	F	F

Comparando-se as duas colunas, observa-se que ocorreu V F nesta ordem na linha-1. Portanto, não ocorreu a implicação lógica.

TAUTOLOGIA E IMPLICAÇÃO LÓGICA

Diz-se que a proposição p implica a proposição q, isto é, p ⇒ q se e somente se a condicional p → q for tautologia, isto é, se substituir a relação de implicação pelo conectivo condicional e ocorrer tautologia, pode-se afirmar que ocorreu a implicação lógica.

Exemplos:

1.

p	∧	q	⇒ trocar por →	p	V	q
V	V	V	V	V	V	V
V	F	F	V	V	V	F
F	F	V	V	F	V	V
F	F	F	V	F	F	F

Ocorreu Tautologia. Portanto, implica logicamente.

2.

(p	∧	q)	⇒ trocar por →	~	(p	V	q)
V	V	V	F	F	V	V	V
V	F	F	V	F	V	V	F
F	F	V	V	F	F	V	V
F	F	F	V	V	F	F	F

Na troca da relação de implicação pelo conectivo condicional, observa-se que não ocorreu Tautologia. Portanto, não implica logicamente.

RELAÇÃO DE EQUIVALÊNCIA LÓGICA

Uma proposição p é equivalente a uma proposição q quando em suas tabelas verdade não ocorrem verdade e falsidade (V e F) nem falsidade e verdade (F e V).

Será denotado por: p ⇔ q (lê-se p é equivalente a q)

Exemplo:
Verifique se as 2 proposições são equivalentes

(p	∧	q)	→	r	⇔	p	→	(q	→	r)
V	V	V	**V**	V		V	**V**	V	V	V
V	V	V	**F**	F		V	**F**	V	F	F
V	F	F	**V**	V		V	**V**	F	V	V
V	F	F	**V**	F		V	**V**	F	V	F
F	F	V	**V**	V		F	**V**	V	V	V
F	F	V	**V**	F		F	**V**	V	F	F
F	F	F	**V**	V		F	**V**	F	V	V
F	F	F	**V**	F		F	**V**	F	V	F

Comparando-se as duas colunas resultantes, observa-se que não ocorreu VF nem FV nas linhas da tabela verdade. Portanto, as duas proposições compostas são equivalentes.

TAUTOLOGIA E EQUIVALÊNCIA LÓGICA

A proposição p é equivalente à proposição q, isto é, p ⇔ q se e somente se a bicondicional p ↔ q for tautologia.

Exemplo: Verifique se as duas proposições propostas são equivalentes.

(p	∧	q)	→	r	⇔ trocar por ↔	p	→	(q	→	r)
V	V	V	V	V	V	V	V	V	V	V
V	V	V	F	F	V	V	F	V	F	F
V	F	F	V	V	V	V	V	F	V	V
V	F	F	V	F	V	V	V	F	V	F
F	F	V	V	V	V	F	V	V	V	V
F	F	V	V	F	V	F	V	V	F	F
F	F	F	V	V	V	F	V	F	V	V
F	F	F	V	F	V	F	V	F	V	F

Na troca da relação de equivalência pelo conectivo bicondicional, observa-se que ocorreu Tautologia. Portanto, as proposições compostas são equivalentes.

EXERCÍCIOS PROPOSTOS

1. Dadas as proposições compostas abaixo verifique se ocorre a implicação lógica ou a equivalência lógica conforme solicitado:

   a. $(p \rightarrow q) \vee (q \rightarrow r) \Rightarrow p \rightarrow r$
   b. $(x \neq 0 \rightarrow x = y) \wedge x \neq y \Rightarrow x = 0$
   c. $p \leftrightarrow \sim q \Rightarrow p \rightarrow q$
   d. $p \underline{\vee} q \Leftrightarrow (p \vee q) \wedge \sim (p \wedge q)$
   e. $(x = 0 \wedge y = 0) \rightarrow z = 0 \Leftrightarrow x = 0 \rightarrow (y = 0 \rightarrow z = 0)$
   f. $(x = y \vee x < 5) \wedge x \geq 5 \Rightarrow x = y$

g. $(x \neq 1 \rightarrow x \neq y) \wedge x = y \Rightarrow x = 1$

h. $(x = 0 \rightarrow x = w) \wedge (x = w \rightarrow x = 0) \Leftrightarrow x = 0 \leftrightarrow x = w$

i. $x = 0 \vee x \geq 2 \Leftrightarrow \sim (x < 2 \wedge x = 0)$

j. $p \rightarrow (q \wedge \sim q) \Leftrightarrow \sim p$

k. $(p \wedge q) \rightarrow r \Leftrightarrow p \rightarrow (q \rightarrow r)$

l. $p \rightarrow q \Leftrightarrow \sim q \rightarrow \sim p$

m. $p \leftrightarrow q \Leftrightarrow (p \wedge q) \vee (\sim p \wedge \sim q)$

n. $p \rightarrow q \Leftrightarrow \sim p \vee q$

o. $\sim (p \wedge q) \Leftrightarrow \sim p \vee \sim q$

p. $\sim (p \vee q) \Leftrightarrow \sim p \wedge \sim q$

q. $p \wedge (q \vee r) \Leftrightarrow (p \wedge q) \vee (p \wedge r)$

r. $p \vee (q \wedge r) \Leftrightarrow (p \vee q) \wedge (p \vee r)$

s. $p \rightarrow q \wedge r \Leftrightarrow (p \rightarrow q) \wedge (p \rightarrow r)$

t. $p \rightarrow q \vee r \Leftrightarrow (p \rightarrow q) \vee (p \rightarrow r)$

CAPÍTULO 3

EQUIVALÊNCIAS NOTÁVEIS

Relacionaremos abaixo, algumas equivalências que serão muito utilizadas nas técnicas para comprovar a validade de um argumento. Não iremos construir as tabelas verdade para cada uma delas, mas ficará como sugestão para quem quiser praticar um pouco mais (Exercícios Propostos).

1. **Idempotência (Id)**
   a. $p \Leftrightarrow p \wedge p$
   b. $p \Leftrightarrow p \vee p$

2. **Comutação (Com.)**
   a. $p \wedge q \Leftrightarrow q \wedge p$
   b. $p \vee q \Leftrightarrow q \vee p$

3. **Associação (Assoc.)**
   a. $p \wedge (q \wedge r) \Leftrightarrow (p \wedge q) \wedge r$
   b. $p \vee (q \vee r) \Leftrightarrow (p \vee q) \vee r$

4. **Distribuição (Dist.)**
   a. $p \wedge (q \vee r) \Leftrightarrow (p \wedge q) \vee (p \wedge r)$
   b. $p \vee (q \wedge r) \Leftrightarrow (p \vee q) \wedge (p \vee r)$
   c. $p \rightarrow q \wedge r \Leftrightarrow (p \rightarrow q) \wedge (p \rightarrow r)$
   d. $p \rightarrow q \vee r \Leftrightarrow (p \rightarrow q) \vee (p \rightarrow r)$

5. **Dupla Negação (DN)**
   $p \Leftrightarrow \sim(\sim p)$

6. **De Morgan (DM)**
   a. $\sim(p \wedge q) \Leftrightarrow \sim p \vee \sim q$
   b. $\sim(p \vee q) \Leftrightarrow \sim p \wedge \sim q$

7. **Condicional (Cond.)**
   $p \rightarrow q \Leftrightarrow \sim p \vee q$

8. **Bicondicional (Bic.)**
   a. $p \leftrightarrow q \Leftrightarrow (p \rightarrow q) \wedge (q \rightarrow p)$
   b. $p \leftrightarrow q \Leftrightarrow (p \wedge q) \vee (\sim p \wedge \sim q)$

9. **Contraposição (CP)**
   $p \rightarrow q \Leftrightarrow \sim q \rightarrow \sim p$

10. **Exportação – Importação (E.I.)**
    $(p \wedge q) \rightarrow r \Leftrightarrow p \rightarrow (q \rightarrow r)$

11. **Absurdo (Abs.)**
 $p \to (q \wedge \sim q) \Leftrightarrow \sim p$

EXERCÍCIOS PROPOSTOS

1. Construir a Tabela verdade para cada uma das Equivalências Notáveis.

CAPÍTULO 4

ARGUMENTO VÁLIDO

Diz-se que um argumento é válido quando toda sequência de proposições $P_1, P_2, P_3, ..., P_{n+1}$ onde $n \in N$ tal que a conjunção das n primeiras implica a última, todas as vezes que as premissas $P_1, P_2, P_3, ..., P_n$ **forem verdadeiras** e P_{n+1} **também é verdadeira**, isto é:

$$P_1 \wedge P_2 \wedge P_3 \wedge ... \wedge P_n \Rightarrow P_{n+1}$$

O argumento é dito falho ou não válido se nessas condições não ocorrer a implicação lógica ou na última conjunção ocorrer uma coluna de falsidades.

$$P_1 \wedge P_2 \wedge P_3 \wedge ... \wedge P_n \not\Rightarrow P_{n+1}$$

Obs.: A sequência das proposições pode apresentar-se nas seguintes formas:

P_1
P_2 ou $P_1, P_2, P_3, ..., P_n, P_{n+1}$
P_3
$\vdots$
P_n
$\therefore P_{n+1}$

Exemplo

1. Verificar a validade do argumento.

    $p \to q$
    $p \vee q$
    $\sim q$
    $\therefore q$

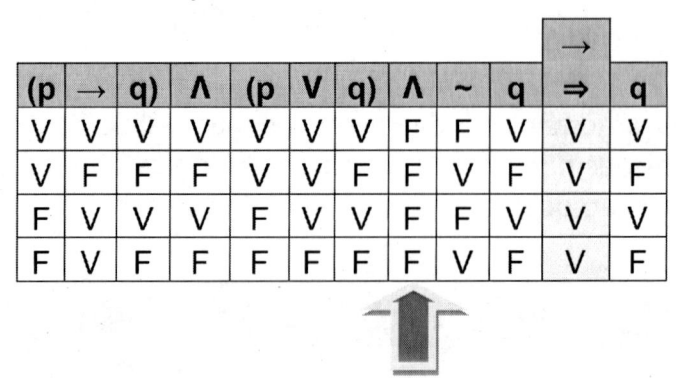

(p	→	q)	∧	(p	∨	q)	∧	~	q	⇒	q
V	V	V	V	V	V	V	F	F	V	V	V
V	F	F	F	V	V	F	F	V	F	V	F
F	V	V	V	F	V	V	F	F	V	V	V
F	V	F	F	F	F	F	F	V	F	V	F

Apesar de ter ocorrido a implicação lógica o argumento não é válido porque as premissas envolvidas não são simultaneamente verdadeiras.

2. Verificar a validade do argumento.

P_1: Se eu tivesse dinheiro, iria viajar.
P_2: Se fosse viajar, convidaria a Scarlet.
P_3: Não vou viajar.
∴ P_{n+1}: Não convidarei a Scarlet

Chamando:

Ter dinheiro: p
Ir viajar: q
Convidar a Scarlet: r

(p	→	q)	∧	(q	→	r)	∧	~	q	⇒	~	r
V	V	V	V	V	V	V	F	F	V	**V**	F	V
V	V	V	F	V	F	F	F	F	V	**V**	V	F
V	F	F	F	F	V	V	F	V	F	**V**	F	V
V	F	F	F	F	V	F	F	V	F	**V**	V	F
F	V	V	V	V	V	V	F	F	V	**V**	F	V
F	V	V	F	V	F	F	F	F	V	**V**	V	F
F	V	F	V	F	V	V	V	V	F	**F**	F	V
F	V	F	V	F	V	F	V	V	F	**V**	V	F

Portanto, o argumento também não é válido, pois não ocorreu tautologia.

3. Verificar a validade do argumento.

P_1: Se eu tivesse dinheiro, iria viajar.
P_2: Se fosse viajar, convidaria a Scarlet.
P_3: Não convidei a Scarlet
∴ P_{n+1}: Não tenho dinheiro.

Chamando:

Ter dinheiro: p
Ir viajar: q
Convidar a Scarlet: r

(p	→	q)	∧	(q	→	r)	∧	~	r	⇒	~	p
V	V	V	V	V	V	V	F	F	V	**V**	F	V
V	V	V	F	V	F	F	F	V	F	**V**	V	V
V	F	F	F	F	V	V	F	F	V	**V**	F	V
V	F	F	F	F	V	F	F	V	F	**V**	V	V
F	V	V	V	V	V	V	F	F	V	**V**	F	F
F	V	V	F	V	F	F	F	V	F	**V**	V	F
F	V	F	V	F	V	V	F	F	V	**V**	F	F
F	V	F	V	F	V	F	V	V	F	**V**	V	F

Este argumento é válido, pois além de ter ocorrido tautologia, isto é, ocorreu a implicação lógica, a última conjunção tem pelo menos uma verdade, satisfazendo a condição de argumento válido.

SILOGISMOS

Silogismo é um modelo de raciocínio baseado na ideia da dedução, composto por duas premissas que geram uma conclusão. Etimologicamente, silogismo significa "reunir com o pensamento" e foi empregada pela primeira vez por Platão (429-348 a.C.). No entanto, o sentido a ser utilizado é o de um raciocínio no qual, a partir de proposições iniciais, conclui-se uma proposição final. Aristóteles (384-346 a.C.) utilizou tal palavra para designar um argumento composto por duas premissas e uma conclusão.

Sejam, por exemplo, as premissas:

De acordo com a acusação, o réu roubou uma joia ou roubou um celular.

O réu não roubou uma joia.

Portanto, o réu roubou um celular.

Assim, em símbolos, as premissas poderiam ser representadas da seguinte forma:

$$\begin{array}{c} p \vee q \\ \sim p \\ \hline \therefore q \end{array}$$

Este tipo de silogismo, chama-se **Silogismo Disjuntivo**.

Já o **Silogismo Hipotético,** é aquele que se apresenta na forma de uma propriedade transitiva:
Se $p \rightarrow q$ e $q \rightarrow r$, então $p \rightarrow r$.

Considerando as premissas abaixo:

Se as metas de inflação não são reais, então a crise econômica não demorará a ser superada.

Se a crise econômica não demorará a ser superada, então os superávits são fantasiosos.

Portanto, se as metas de inflação não são reais, então os superávits são fantasiosos.

Assim, em símbolos, as premissas poderiam ser representadas da seguinte forma:

$$\begin{array}{c} p \to q \\ q \to r \\ \hline \therefore p \to r \end{array}$$

DILEMA CONSTRUTIVO

Diz-se que o **Dilema é Construtivo**, quando dadas duas premissas condicionais e uma terceira premissa formada pela disjunção dos antecedentes das duas primeiras, todas verdadeiras, e a conclusão formada pela disjunção dos consequentes destas condicionais, também for verdadeira.

Considerando as premissas abaixo:

Se as metas de inflação não são reais, então a crise econômica não demorará a ser superada.

Se a crise econômica é real, então os superávits são fantasiosos.

As metas de inflação não são reais ou a crise econômica é real.

Portanto, a crise econômica não demorará a ser superada ou os superávits são fantasiosos.

Assim, em símbolos, as premissas poderiam ser representadas da seguinte forma:

$$p \rightarrow q$$
$$r \rightarrow s$$
$$\underline{p \vee r}$$
$$\therefore q \vee s$$

DILEMA DESTRUTIVO

Já o **Dilema Destrutivo,** trata-se de duas premissas condicionais e uma terceira premissa que é a disjunção das negações dos seus consequentes, todas verdadeiras, e a conclusão é a disjunção das negações dos antecedentes destas condicionais, também verdadeira.

Considerando as premissas abaixo:

Se as metas de inflação não são reais, então a crise econômica não demorará a ser superada.

Se a crise econômica é real, então os superávits são fantasiosos.

A crise econômica demorará a ser superada ou os superávits não são fantasiosos.

Portanto, as metas de inflação são reais ou a crise econômica não é real.

Assim, em símbolos, as premissas poderiam ser representadas da seguinte forma:

$$p \to q$$
$$r \to s$$
$$\underline{\sim q \vee \sim s}$$
$$\therefore \sim p \vee \sim r$$

REGRAS DE INFERÊNCIA

As regras de inferência são argumentos válidos simples.

1. **<u>Conjunção (Conj.)</u>**

    p
    $\underline{q}$
    $\therefore p \wedge q$

2. **<u>Modus Ponens</u> (MP)**

    $p \to q$
    $\underline{p}$
    $\therefore q$

3. **<u>Modus Tollens</u> (MT)**

    $p \to q$
    $\underline{\sim q}$
    $\therefore \sim p$

4. **Adição (A)**

$$\frac{p}{\therefore p \vee q}$$

5. **Simplificação (S)**

$$\frac{p \wedge q}{\therefore p}$$

6. **Silogismo Hipotético (SH)**

$$\begin{array}{l} p \rightarrow q \\ \underline{q \rightarrow r} \\ \therefore p \rightarrow r \end{array}$$

7. **Silogismo Disjuntivo (SD)**

$$\begin{array}{l} p \vee q \\ \underline{\sim p} \\ \therefore q \end{array}$$

8. **Dilema Construtivo (DC)**

$$\begin{array}{l} p \rightarrow q \\ r \rightarrow s \\ \underline{p \vee r} \\ \therefore q \vee s \end{array}$$

9. Dilema Destrutivo (DD)

$$p \to q$$
$$r \to s$$
$$\underline{\sim q \vee \sim s}$$
$$\therefore \sim p \vee \sim r$$

10. Regra da Absorção (RA)

$$\underline{p \to q}$$
$$\therefore p \to (p \wedge q)$$

MODUS PONENS

Como vimos, **Modus Ponens** é uma Regra de Inferência, isto é, trata-se de um argumento válido. O argumento do tipo *Modus Ponens* é aquele que se baseia em uma proposição condicional que seja verdadeira e uma segunda proposição que seja o antecedente da primeira proposição condicional, também verdadeira. Concluindo-se o consequente da primeira proposição condicional, também verdadeira.

Considerando as premissas abaixo:

Se as metas de inflação são reais, então os superávits primários não são fantasiosos.

As metas de inflação são reais.

Portanto, os superávits primários não são fantasiosos.

Assim, em símbolos, as premissas poderiam ser representadas da seguinte forma:

$$p \rightarrow q$$
$$\underline{p\qquad}$$
$$\therefore q$$

MODUS TOLLENS

O **Modus Tollens**, também é um argumento válido. É aquele que está baseado na equivalência de uma propriedade condicional e a respectiva contrapositiva.

Condicional: p → q

Contrapositiva: ~q → ~p

É aquele que se baseia em uma proposição condicional que seja verdadeira e uma segunda proposição que seja a negação do consequente da primeira proposição condicional, também verdadeira. Concluindo-se a negação do antecedente da primeira proposição condicional, também verdadeira.

Considerando as premissas abaixo:

Se as metas de inflação são reais, então os superávits primários não são fantasiosos.

Os superávits primários são fantasiosos.

Portanto, as metas de inflação não são reais.

Assim, em símbolos, as premissas poderiam ser representadas da seguinte forma:

$$p \to q$$
$$\underline{\sim q}$$
$$\therefore \sim p$$

EXERCÍCIOS RESOLVIDOS

1. Construa a tabela verdade do *Modus Ponens*, comprovando-se que trata-se de um argumento válido.
   Modus Ponens (MP)

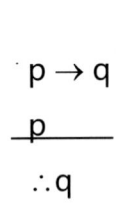

   $p \to q$
   $\underline{p}$
   $\therefore q$

(p	→	q)	∧	p	⇒	q
V	V	V	V	V	V	V
V	F	F	F	V	V	F
F	V	V	F	F	V	V
F	V	F	F	F	V	F

Realmente, o *Modus Ponens* é um argumento válido, pois na conjunção das duas primeiras premissas, implica logicamente na conclusão, isto é, tem pelo menos uma verdade na conjunção e ocorreu tautologia.

2. Construa a tabela verdade do *Modus Tollens*, comprovando-se que trata-se de um argumento válido.
Modus Tollens (MT)

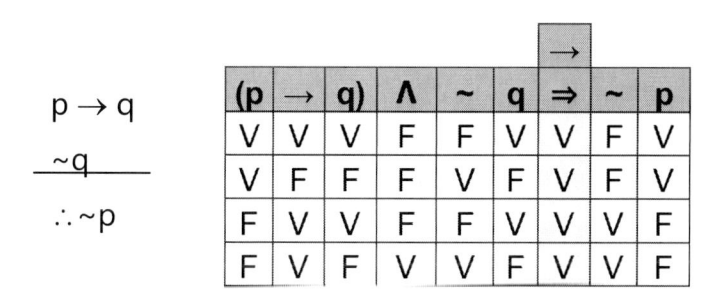

p → q
~q
∴ ~p

(p	→	q)	∧	~	q	⇒	~	p
V	V	V	F	F	V	V	F	V
V	F	F	F	V	F	V	F	V
F	V	V	F	F	V	V	V	F
F	V	F	V	V	F	V	V	F

Realmente, o *Modus Tollens* é um argumento válido, pois na conjunção das duas primeiras premissas, implica logicamente na conclusão, isto é, tem pelo menos uma verdade na conjunção e ocorreu tautologia.

3. Construa a tabela verdade do Silogismo Hipotético, comprovando-se que trata-se de um argumento válido.
Silogismo Hipotético (SH)

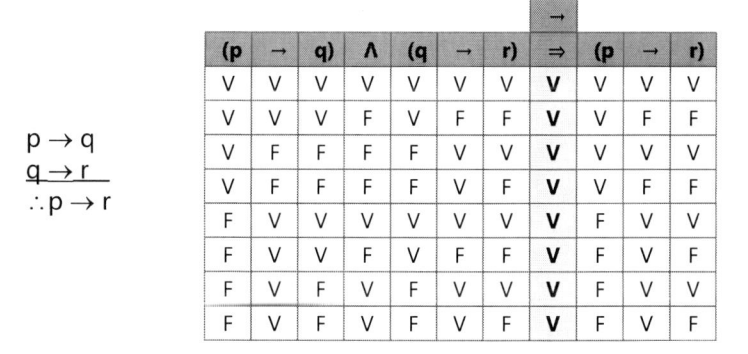

p → q
q → r
∴ p → r

(p	→	q)	∧	(q	→	r)	⇒	(p	→	r)
V	V	V	V	V	V	V	**V**	V	V	V
V	V	V	F	V	F	F	**V**	V	F	F
V	F	F	F	F	V	V	**V**	V	V	V
V	F	F	F	F	V	F	**V**	V	F	F
F	V	V	V	V	V	V	**V**	F	V	V
F	V	V	F	V	F	F	**V**	F	V	F
F	V	F	V	F	V	V	**V**	F	V	V
F	V	F	V	F	V	F	**V**	F	V	F

Realmente, o Silogismo Hipotético é um argumento válido, pois na conjunção das duas primeiras premissas, implica logicamente na conclusão, isto é, tem pelo menos uma verdade na conjunção e ocorreu tautologia.

EXERCÍCIOS PROPOSTOS

1. Construa a tabela verdade do Silogismo Disjuntivo, comprovando que trata-se de um argumento válido.

2. Construa a tabela verdade do Dilema Construtivo, comprovando que trata-se de um argumento válido.

3. Construa a tabela verdade do Dilema Destrutivo, comprovando que trata-se de um argumento válido.

CAPÍTULO 5

TÉCNICAS DEDUTIVAS

Diz-se que uma proposição P_n é formalmente dedutível (consequência) de certas proposições dadas (premissas) quando e somente quando for possível formar uma sequência de proposições $P_1, P_2, P_3, ..., P_n$ de tal modo que:

- Para qualquer valor de i (i = 1, 2, ..., n), P_i ou é uma das premissas ou constitui a conclusão de um argumento válido formado a partir das proposições que a precedem na sequência.

Pode-se escrever:

$$\begin{array}{l} P_1 \\ P_2 \\ P_3 \\ \vdots \\ \underline{P_{n-1}} \\ P_n \end{array} \qquad \text{ou} \quad P_1, P_2, P_3, ..., P_{n-1} \vdash P_n$$

Traço de asserção ⊢ afirma que a fórmula à sua direita pode ser deduzida utilizando como premissas somente as fórmulas que estão à sua esquerda.

Na lógica matemática, o símbolo ⊢ recebe o nome de **catraca**, por ser parecido com uma catraca olhando-se de cima. Pode ser lido como "é o que causa", "deduz que", "acarreta em" ou "satisfaz". A proposição P_n no caso de ser formalmente dedutível chama-se **teorema** e a sequência formada chama-se prova ou demonstração do teorema.

Exemplos.

1. Provar $\sim p \rightarrow q, r \rightarrow \sim p, r \vdash q$:

1. $\sim p \rightarrow q$
2. $r \rightarrow \sim p$
3. r
∴ q

(~	p	→	q)	∧	(r	→	~	p)	∧	r	⇒	q
F	V	V	V	F	V	F	F	V	F	V	V	V
F	V	V	V	V	F	V	F	V	F	F	V	V
F	V	V	F	F	V	F	F	V	F	V	V	F
F	V	V	F	V	F	V	F	V	F	F	V	F
V	F	V	V	V	V	V	V	F	V	V	V	V
V	F	V	V	V	F	V	V	F	F	F	V	V
V	F	F	F	F	V	V	V	F	F	V	V	F
V	F	F	F	F	F	V	V	F	F	F	V	F

Verifica-se na construção da tabela verdade, que é possível deduzir **q** com as premissas dadas, pois a conjunção das três premissas implica na conclusão, isto é, na última conjunção ocorreu pelo menos uma verdade e ocorreu tautologia.

A construção da tabela verdade, neste exemplo, servirá de prova real para a nova resolução a seguir:

Como foram dadas as três premissas e queremos concluir q, podemos utilizar as regras de inferência, vistas anteriormente, que são argumentos válidos.

1. $\sim p \to q$
2. $r \to \sim p$
3. $\underline{r}$
4. $\sim p$ MP (2,3) "conclui-se ~ p, aplicando-se Modus Ponens nas linhas 2 e 3".
5. q   MP (1,4) "conclui-se q, aplicando-se Modus Ponens nas linhas 1 e 4".

Alguém poderia questionar se esta seria a única solução e a resposta é não. Por exemplo, poderíamos apresentar outra sequência de regras de inferência e concluir q:

1. $\sim p \to q$
2. $r \to \sim p$
3. $\underline{r}$
4. $r \to q$ SH (2,1) "conclui-se r → q, aplicando-se Silogismo Hipotético nas linhas 2 e 1".
5. q   MP (4,3) "conclui-se q, aplicando-se Modus Ponens nas linhas 4 e 3".

2. Provar $\sim t \to r, s \wedge q, t \to \sim q \vdash \sim s \vee r$:

1. $\sim t \to r$			1. $\sim t \to r$	
2. $s \wedge q$			2. $s \wedge q$	
3. $\underline{t \to \sim q}$		ou	3. $\underline{t \to \sim q}$	
4. q	S (2)		4. $q \to \sim t$	CP (3)
5. $\sim t$	MT (3,4)		5. $q \to r$	SH (4,1)
6. r	MP (1,5)		6. q	S (2)
7. $\sim s \vee r$	A (6)		7. r	MP (5,6)
			8. $\sim s \vee r$	A (7)

3. Verificar a validade dos argumentos:

a. Se Ana recebeu o salário então comprará um presente para o Rodrigo ou fará uma viagem. Ana não irá viajar. Portanto, se Ana não comprar um presente para o Rodrigo, não recebeu o salário.

Chamando:

p : Ana recebeu o salário.
q : Comprará um presente para o Rodrigo.
r : Fará uma viagem.

Temos:

1. $p \to q \vee r$
1. $\sim r$
∴ $\sim q \to p$

1. $p \to q \vee r$
2. $\sim r$
3. $\sim p \vee (q \quad r)$ COND (1)
4. $(\sim p \vee q) \quad r$ ASSOC (3)
5. $\sim p \vee q$ SD (4,2)
6. $p \to q$ COND (5)
7. $\sim q \to \sim p$ CP (6)

(não comprou um presente para o Rodrigo então não recebeu o salário).

b. Se Júlio comprar um computador, então Kiko também comprará. Se Kiko comprar um computador, então ou Lucas ou Gabi farão um curso de Excel. Se ou Lucas ou Gabi fizerem um curso de Excel, então Marlene fará um curso de PowerPoint. Se a compra do computador por Júlio implicar no curso de PowerPoint da Marlene, então Olivino será contratado como professor de informática. Portanto, Olivino será contratado como professor de informática.

Chamando:

p : Júlio comprar um computador.
q : Kiko também comprará um computador.
r : Lucas fará um curso de Excel.
s : Gabi fará um curso de Excel.
t : Marlene fará um curso de PowerPoint.
u: Olivino será contratado como professor de informática.

Temos:

1. p → q
2. q → r ∨ s
3. r ∨ s → t
4. (p → t) → u
∴ u

1. p → q
2. q → r ∨ s
3. r ∨ s → t
4. (p → t) → u
5. p → r ∨ s   SH (1,2)
6. p → t   SH (3,5)
7. u   MP (4,6)

Olivino será contratado como professor de informática.

c. Se Sandra tivesse acionado o alarme da loja, as portas se fechariam e a empresa de monitoramento chegaria a tempo de encontrar com os assaltantes. Os assaltantes não foram encontrados. Portanto, a Sandra não acionou o alarme.

Chamando:

p : Sandra tivesse acionado o alarme da loja.
q : As portas se fechariam.
r : A empresa de monitoramento chegaria a tempo de encontrar com os assaltantes.

Temos:

1. $p \to q \wedge r$
2. $\sim r$
∴ $\sim p$

1. $p \to q \wedge r$
2. $\sim r$
3. $\sim p \vee (q \wedge r)$ COND (1)
4. $(\sim p \vee q) \wedge (\sim p \vee r)$ DIST (3)
5. $\sim p \vee r$ S (4)
6. $\sim p$ SD (5,2)

Sandra não acionou o alarme

FLUXOGRAMAS

Uma maneira alternativa para verificação da validade de um argumento é a construção de um fluxograma, onde é colocado numa sequência lógica, o raciocínio utilizado, respeitando o valor lógico dos conectivos envolvidos.

Para a verificação da validade de um argumento ou prova de um teorema deve-se seguir os seguintes passos:

1º. Considerar as premissas verdadeiras.

2º. Determinar o valor lógico (VF) para os conectivos envolvidos em cada uma das premissas dadas, passando por todas as premissas, até chegar na conclusão que deverá ser a verdade para que o argumento seja válido ou o teorema provado.

Se porventura, ocorrer a situação em que não se possa determinar o valor lógico da conclusão ou em que a verdade é igual a falsidade, o argumento é dito falho.

Considerando o exemplo 1.

1. $\sim p \rightarrow q, r \rightarrow \sim p, r \vdash q$

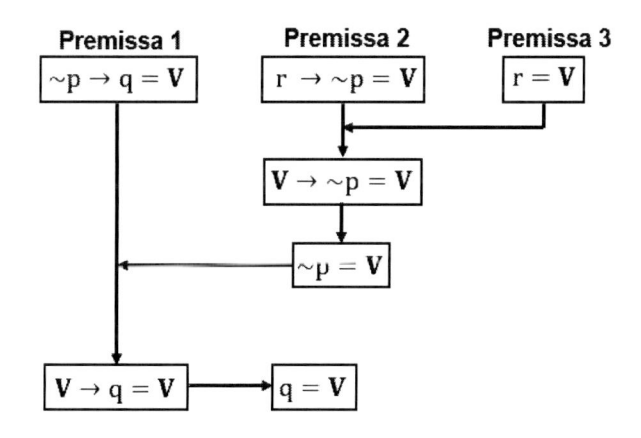

Premissa 1: $\sim p \rightarrow q = V$

Premissa 2: $r \rightarrow \sim p = V$

Premissa 3: $r = V$

$V \rightarrow \sim p = V$

$\sim p = V$

$V \rightarrow q = V \quad \rightarrow \quad q = V$

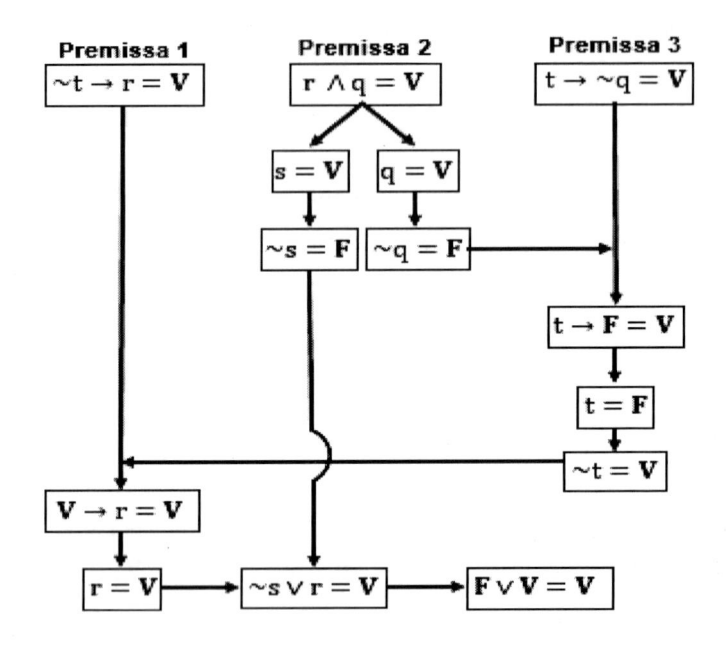

2. Provar $\sim t \to r, s \wedge q, t \to \sim q \vdash \sim s \vee r$:

Premissa 1
$\sim t \to r = V$

Premissa 2
$r \wedge q = V$

$s = V$ $\quad$ $q = V$

$\sim s = F$ $\quad$ $\sim q = F$

Premissa 3
$t \to \sim q = V$

$t \to F = V$

$t = F$

$\sim t = V$

$V \to r = V$

$r = V \longrightarrow \sim s \vee r = V \longrightarrow F \vee V = V$

3. Provar que $x \neq 0$ dadas a premissas: Obs.: Construir o fluxo antes

1. $x = y$ então $x = z$
2. $x = 0$ então $x = y$
3. $x \neq z$

Chamando:

$x = y : p \: ; \: x = z : q \: ; \: x = 0 : r$

Temos:

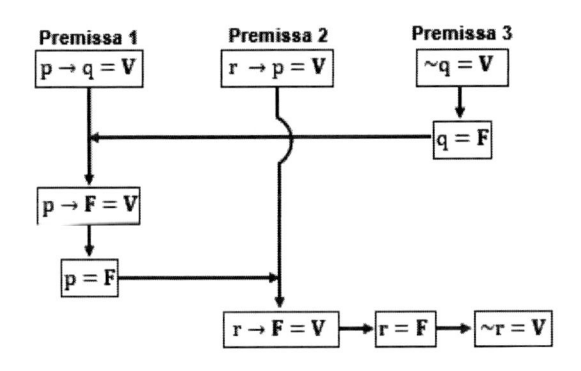

1. p → q
2. r → p
3. ~ q
   —————
   ~ r

Premissa 1	Premissa 2	Premissa 3
p → q = V	r → p = V	~q = V

q = F

p → F = V

p = F

r → F = V → r = F → ~r = V

1. p → q
2. r → p
3. ~ q
   —————
4. ~ p   MT (1,3)
5. ~ r   MT (2,4)

4. Provar

1. $y + 8 = 12 \lor y \neq 7$
2. $y = 7 \land x < y$
3. $y + 8 = 12 \land x < y \to x + 8 < 12$
∴ $x + 8 < 12$

Chamando: $y + 8 = 12 : p$; $y \neq 7 : q$; $x < y : r$; $x + 8 < 12 : s$

1. $p \lor q$
2. $\sim q \land r$
3. $p \land r \to s$
∴ s

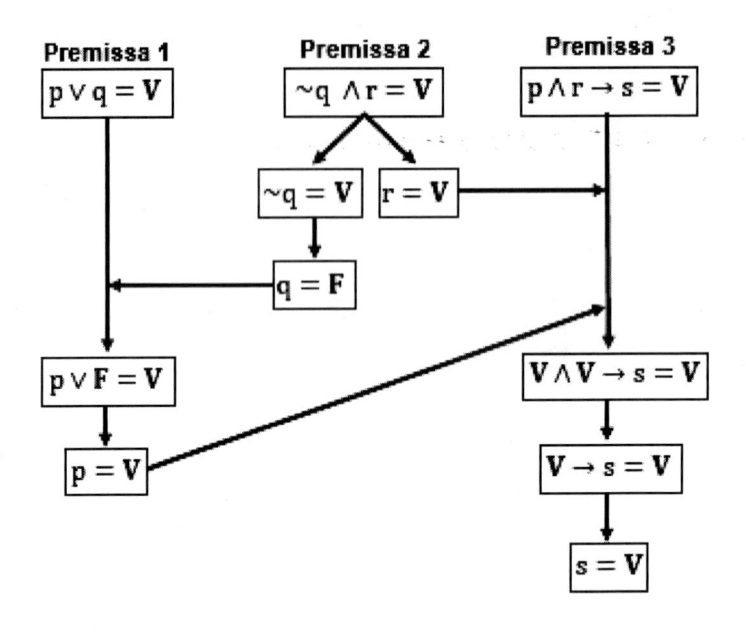

```
Premissa 1        Premissa 2         Premissa 3
 p ∨ q = V         ~q ∧ r = V         p ∧ r → s = V
                   ↙      ↘
                ~q = V   r = V
                   ↓
                 q = F
                   ↓
  p ∨ F = V                           V ∧ V → s = V
     ↓                                      ↓
   p = V  ──────────────────→          V → s = V
                                            ↓
                                          s = V
```

5. Provar que x + y = 5 dadas as premissas

1. 2x + y = 10 ↔ 2x = 7
2. 2x = 7 → 2x + y = 10 ↔ y = 5
3. y ≠ 5 ou x + y = 5

Chamando:

2x + y = 10 : p
2x = 7 : q
y = 5 : r
x + y = 5 : s

Temos:

p ↔ q, q → p ↔ r, ~r ∨ s ⊢ s

Obs.: quando apresentarmos os outros tipos de demonstrações, será possível fazer o fluxograma de questões como esta.

1. p ↔ q
2. q → p ↔ r
3. ~r ∨ s
4. (p → q) ∧ (q → p)   BIC (1)
5. q → p   S (4)
6. (q → p → r) ∧ (r → q → p)   BIC (2)
7. q → p → r   S (6)
8. r   MP (7,5)
9. s   SD (3,8)

como queríamos demonstrar (cqd)

6. Provar p → q dadas as premissas

1. q ↔ r
2. p → r

Temos:

q ↔ r, p → r ⊢ p → q
1. q ↔ r
2. p → r
3. (q → r) ∧ (r → q)   BIC (1)
4. r → q   S (3)
5. p → q   SH (2,4) cqd

7. Provar p ↔ q dadas as premissas

1. p → q
2. r → p
3. q → r

Temos:

p → q, r → p, q → r ⊢ p ↔ q
1. p → q
2. r → p
3. q → r
4. q → p   SH (3,2)
5. (p → q) ∧ (q → p)   CONJ.(1,4)
6. p ↔ q   BIC (5)   cqd

8. Provar y < 3 dadas as premissas (construir o fluxograma)

1. x = 3
2. y < x ∧ x = 3 → y < 3
3. y = x → x ≠ 3
4. y < x ∨ y = x

Chamando:

x = 3 : p ; y < x : q; y < 3 : r; y = x : s

Temos:

p, q ∧ p → r, s → ~p, q ∨ s ⊢ r

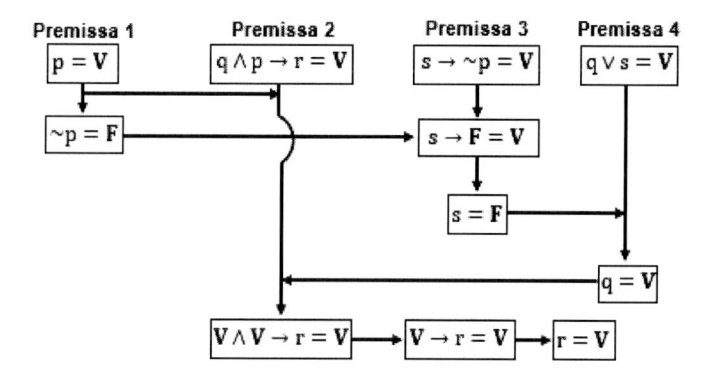

```
Premissa 1        Premissa 2         Premissa 3         Premissa 4
  p = V           q ∧ p → r = V       s → ~p = V          q ∨ s = V
    │                  │                  │                  │
    ▼                  │                  ▼                  │
  ~p = F               │              s → F = V              │
                       │                  │                  │
                       │                  ▼                  │
                       │                s = F                │
                       │                                     │
                       │                                  q = V
                       ▼                                     │
                 V ∧ V → r = V  →  V → r = V  →  r = V
```

1. p
2. q ∧ p → r
3. s → ~p
4. q ∨ s
5. ~s   MT (3,1)
6. q   SD (4,5)
7. q ∧ p   CONJ(6,1)
8. r   MP (7,2) cqd

9. Provar x = 5 dadas as premissas (construir o fluxograma)

1. x = 1 ∨ y = 2
2. x = 1 → 3x + 2y ≠ 20
3. 3x + 2y = 20 ∧ x + 2y = 14
4. x ≠ 5 → y ≠ 2

Chamando:

x = 1 : p ; y = 2: q; 3x + 2y = 20: r; x + 2y = 14: s; x = 5 : t

Temos:

p ∨ q, p →~ r, r ∧ s, ~t → ~q ⊢ t

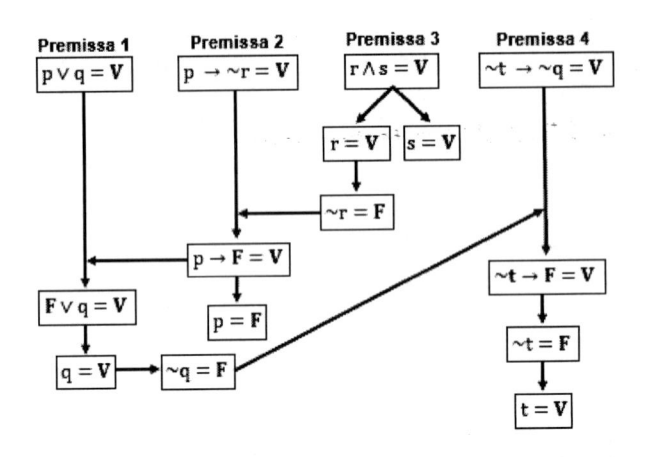

```
Premissa 1      Premissa 2      Premissa 3      Premissa 4
 p ∨ q = V       p → ~r = V      r ∧ s = V       ~t → ~q = V
                                  ↙    ↘
                                r=V    s=V
                                 ↓
                               ~r = F
                                 ↑
                              p → F = V           ~t → F = V
     ↑                           ↓                    ↓
  F ∨ q = V                    p = F               ~t = F
     ↓                                                ↓
   q = V  ←  ~q = F                                  t = V
```

1. p ∨ q
2. p →~ r
3. r ∧ s
4. ~t → ~q
5. r   S (3)
6. ~p   MT (2,5)
7. q   SD (1,6)
8. t   MT (4,7) cqd

10. Se Scarlet ou Rosa perde, então Beto e Julie ganham. Rosa perde. Portanto, Julie ganha.

Chamando:

Scarlet perde : p
Rosa perde : q
Beto ganha : r
Julie ganha : s

Temos:

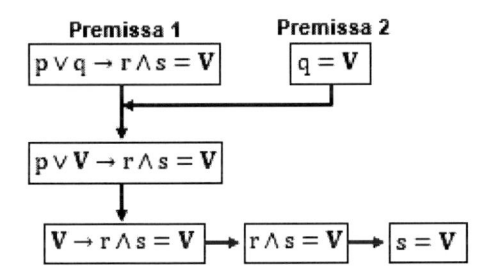

1. p ∨ q → r ∧ s
2. q
∴ s

1. p ∨ q → r ∧ s
2. q
3. p ∨ q   A (2)
4. r ∧ s   MP (1,3)
5. s   S (4) cqd

```
    Premissa 1              Premissa 2
 ┌───────────────────┐     ┌─────────┐
 │ p ∨ q → r ∧ s = V │     │  q = V  │
 └─────────┬─────────┘     └────┬────┘
           │◄───────────────────┘
           ▼
 ┌───────────────────┐
 │ p ∨ V → r ∧ s = V │
 └─────────┬─────────┘
           ▼
 ┌───────────────┐   ┌───────────┐   ┌───────┐
 │ V → r ∧ s = V │──►│ r ∧ s = V │──►│ s = V │
 └───────────────┘   └───────────┘   └───────┘
```

11. A empresa será vendida se, e somente se, não atingir suas metas sociais ou não atingir suas metas financeiras. A empresa atingiu suas metas financeiras e atingiu suas metas sociais. Portanto, não será vendida.

Chamando:

A empresa será vendida: p
Não atingir suas metas sociais: q
Não atingir suas metas financeiras: r

Temos:

1. p ↔ q ∨ r
2. ~r ∧ ~q
∴ ~p

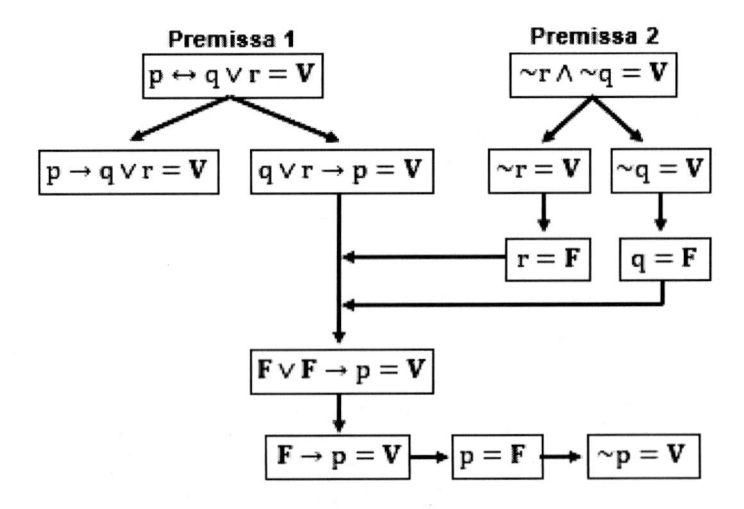

1. p ↔ q ∨ r
2. ~ r ∧ ~ q
3. (p → q ∨ r) ∧ (q ∨ r → p)   BIC (1)
4. p → q ∨ r   S (3)
5. ~ (r ∨ q)   DM (2)
6. ~ (q ∨ r)   COM (5)
7. ~p   MT (4,6) cqd

```
         Premissa 1                      Premissa 2
      p ↔ q ∨ r = V                    ~r ∧ ~q = V
        ↙      ↘                         ↙      ↘
  p → q ∨ r = V   q ∨ r → p = V     ~r = V    ~q = V
                                       ↓         ↓
                                     r = F     q = F
                              ←─────────┘
                              ←───────────────────┘
                     ↓
               F ∨ F → p = V
                     ↓
               F → p = V  →  p = F  →  ~p = V
```

EXERCÍCIOS PROPOSTOS

1. Provar x < 2 dadas as premissas (construir o fluxograma)

1. $x + 2 > 6 \rightarrow x = 3$
2. $x + 2 > 6 \lor (5 - x > 2 \land x < 2)$
3. $x = 3 \rightarrow x + 4 \geq 8$
4. $x + 4 < 8$

2. Provar y + z = 10 dadas as premissas

1. x.y + z = 12 → x.y = 5
2. (x.y + z = 12 → x = 3) → (y = 3 ∧ z = 5)
3. z = 5 → ((y = 3 → y + z = 10) ∧ z > y)
4. x.y = 5 → x = 3

3. Provar 5x − 3 = 3x + 2 → x = 5 dadas as premissas

1. 5x − 3 = 3x + 2 → 5x = 3x + 8
2. 5x = 3x + 8 → 2x = 6
3. 2x = 6 → x = 5

4. Provar y = 0 dadas as premissas (construir o fluxograma)

1. 2x + y = 9 → 2x = 4
2. 2x + y = 6 → y = 0
3. 2x ≠ 4
4. 2x + y = 9 ∨ 2x + y = 6

5. Provar z = 1 ∨ x < y dadas as premissas (construir o fluxograma)

1. y ≥ z ∧ z = 1
2. y ≥ 6 → x < y
3. x > 5 ∨ y ≥ 6
4. x > 5 → y < z

6. Assinale o argumento válido onde S1, S2 indicam as premissas e S a conclusão:

a. S1: se o cavalo estiver cansado então ele perderá a corrida.

S2: o cavalo estava descansado.

S: o cavalo ganhou a corrida.

b. S1: se o cavalo estiver cansado então ele perderá a corrida.

S2: o cavalo ganhou a corrida.

S: o cavalo estava descansado.

c. S1: se o cavalo estiver cansado então ele perderá a corrida.

S2: o cavalo perdeu a corrida.

S: o cavalo estava cansado.

d. S1: se o cavalo estiver cansado então ele perderá a corrida.

S2: o cavalo estava descansado.

S: o cavalo perdeu a corrida.

7. Provar $x^2 = 25 \lor x^2 > 25$ dadas as premissas

1. $x^2 \geq 25 \rightarrow x^2 = 25 \lor x^2 > 25$
2. $x^2 < 25 \rightarrow x \leq 2$
3. $x = 3 \lor x = 5$
4. $x = 3 \rightarrow x^2 - 5x + 15 = 0$
5. $x = 5 \rightarrow x^2 - 5x + 15 = 0$
6. $x^2 - 5x + 15 = 0 \rightarrow x > 2$

8. Verificar a validade das premissas

1. $x = 7 \lor y = 3$
2. $x > 2 \lor x + y \leq 6$
3. $y = 3 \lor x = 7 \rightarrow x + y > 6$
4. $\sim (y < 9 \land y > 3) \rightarrow x \leq 2$

$\therefore y < 9$

9. Verificar a validade das premissas (construir o fluxograma)

1. $x < 2 \land y > 5$
2. $y \neq 9 \rightarrow \sim (x = 2 \land y > x)$
3. $y > 5 \land x < 2 \rightarrow y > x \land x = 2$
∴ $y = 9$

10. Verificar a validade das premissas

1. $x > y \lor x < 9$
2. $x > y \rightarrow x > 3$
3. $x > 3 \rightarrow x = 4 \land x < 5$
4. $x < 9 \rightarrow x = 4 \land x < 5$
5. $x > y \rightarrow \sim (y < z \lor z > x)$
6. $x < 5 \land x = 4 \rightarrow z > x \lor y < z$
∴ $x < 9$

11. Verificar a validade das premissas

1. $x = y \rightarrow x \geq y$
2. $(x = y \rightarrow y = 1) \rightarrow x = 1$
3. $y = 1 \leftrightarrow x \geq y$
4. $x = 1 \lor x.y = 0 \rightarrow y = 1$
∴ $\sim (x < y \land x = 0)$

12. Verificar a validade das premissas

1. $y \neq 0 \land y \geq 1$
2. $y \leq 1 \rightarrow y < 1 \lor y = 0$
3. $x = 1 \lor x > 3$
4. $x > 3 \rightarrow x \neq y$
5. $x = 1 \rightarrow x \neq y$
∴ $\sim (x = y \lor y \leq 1)$

13. Verificar a validade das premissas

$p \vee (q \wedge s), p \vee q \rightarrow r \vdash p \vee r$

14. Se Rodrigo briga com Roberto, então Roberto briga com Rosa.

Se Roberto briga com Rosa, então Rosa vai conversar com Ruth.
Se Rosa vai conversar com Ruth, então Renato briga com Rosa.
Ora, Renato não briga com Rosa. Logo:

a. Rosa não vai conversar com Ruth e Roberto briga com Rosa.

b. Rosa vai conversar com Ruth e Roberto briga com Rosa.

c. Roberto não briga com Rosa e Rodrigo não briga com Roberto.

d. Roberto briga com Rosa e Rodrigo briga com Roberto.

e. Roberto não briga com Rosa e Rodrigo briga com Roberto.

CAPÍTULO 6

INCONSISTÊNCIA

Inconcistência é uma falácia que consiste em construir uma proposição com premissas contraditórias. A palavra **falácia** é derivada do verbo latino *fallare*, que significa enganar. Chama-se por falácia um raciocínio errado com aparência de verdadeiro. Na lógica uma falácia é um argumento logicamente incoerente, sem fundamento, inválido ou falho na tentativa de se efetuar a prova.

Muitas vezes, é difícil reconhecer as falácias. Os argumentos falaciosos podem estar transmitindo uma validade emocional, psicológica, mas não validade lógica. Identificar os tipos de falácia para evitar armadilhas lógicas na própria argumentação é muito importante. As falácias que são cometidas sem a intenção de confundir são chamadas de paralogismos e as que são produzidas de forma a confundir alguém numa discussão, chama-se de sofismas.

Diz-se que duas ou mais proposições que não podem ser simultaneamente verdadeiras são inconsistentes.

Exemplos

1. Dadas as premissas verificar a validade dos argumentos

1. $x = 0 \rightarrow y \leq x$
2. $y \leq x \rightarrow y = 1$
3. $\sim (x \neq 0 \vee y = 1)$

Chamando:

$x = 0 : p$
$y \leq x : q$
$y = 1 : r$

Temos:

1. $p \rightarrow q$
2. $q \rightarrow r$
3. $\sim (\sim p \vee r)$

(p	→	q)	∧	(q	→	r)	∧	(~	(~	p	∨	r))
V	V	V	V	V	V	V	**F**	F	F	V	V	V
V	V	V	F	V	F	F	**F**	V	F	V	F	F
V	F	F	F	F	V	V	**F**	F	F	V	V	V
V	F	F	F	F	V	F	**F**	V	F	V	F	F
F	V	V	V	V	V	V	**F**	F	V	F	V	V
F	V	V	F	V	F	F	**F**	F	V	F	V	F
F	V	F	V	F	V	V	**F**	F	V	F	V	V
F	V	F	V	F	V	F	**F**	F	V	F	V	F

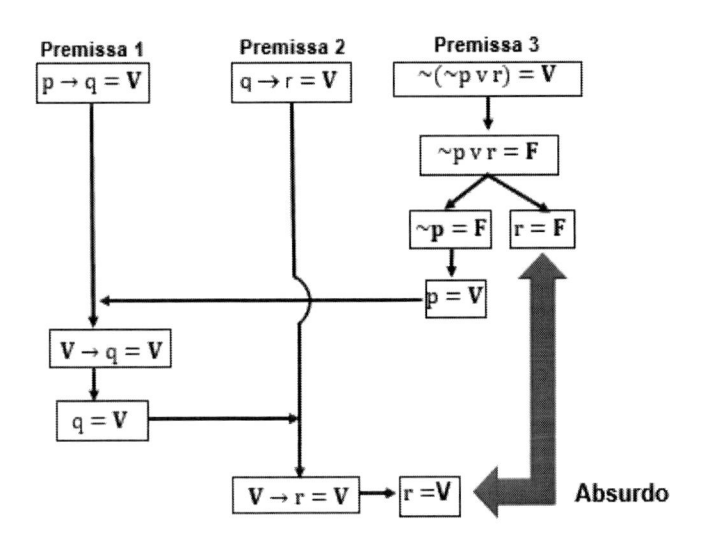

```
Premissa 1        Premissa 2        Premissa 3
 p → q = V         q → r = V         ~(~p v r) = V
                                          ↓
                                     ~p v r = F
                                      ↙      ↘
                                   ~p = F   r = F
                                      ↓
                                     p = V

 V → q = V
    ↓
   q = V

                        V → r = V → r = V        ⬆ Absurdo
```

1. p → q
2. q → r
3. ~ (~ p ∨ r)
4. p ∧ ~ r   DM (3)
5. p   S (4)
6. ~ r   S (4)
7. q   MP (1,5)
8. r   MP (2,7)
9. ~ r ∧ r   CONJ (6,8) → inconsistência

As premissas envolvidas são inconsistentes

2. Dadas as premissas verificar a validade dos argumentos

1. s → s ∧ q
2. p ∧ r
3. ~ p ∨ ~ q
4. ~ r ∨ s

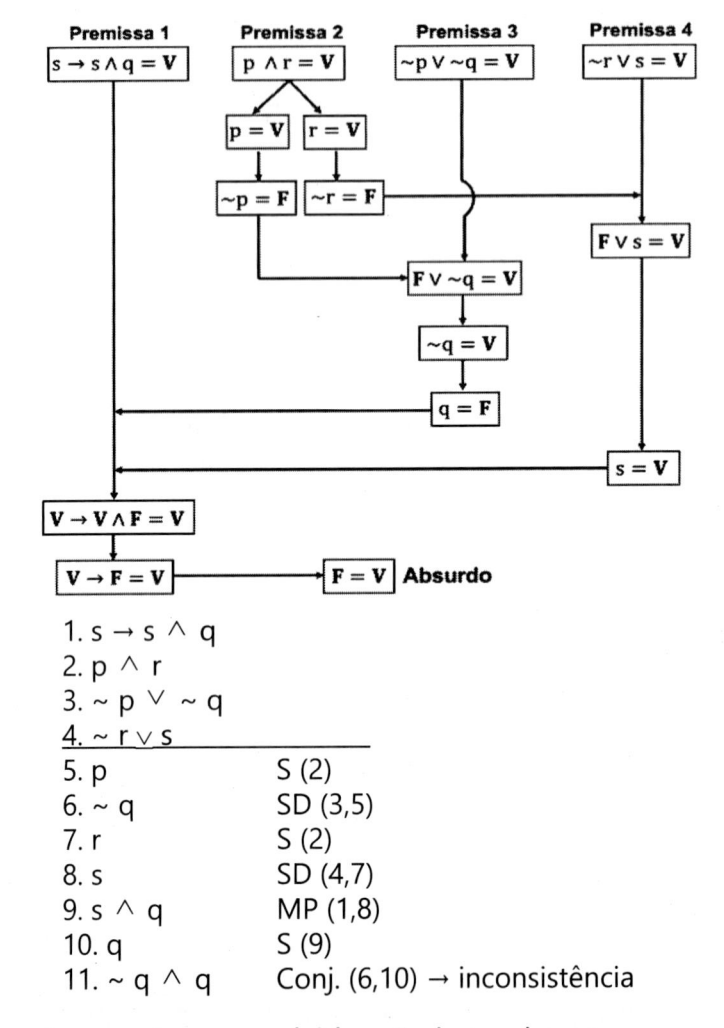

```
Premissa 1      Premissa 2      Premissa 3      Premissa 4
s → s∧q = V     p ∧ r = V       ~p ∨ ~q = V     ~r ∨ s = V
                    ↓                               ↓
                 p = V  r = V                    F ∨ s = V
                    ↓      ↓
                 ~p = F  ~r = F
                    ↓
                 F ∨ ~q = V
                    ↓
                 ~q = V
                    ↓
                 q = F
                                                 s = V
V → V ∧ F = V
    ↓
V → F = V  ────────  F = V  Absurdo
```

1. s → s ∧ q
2. p ∧ r
3. ~ p ∨ ~ q
4. ~ r ∨ s
5. p   S (2)
6. ~ q   SD (3,5)
7. r   S (2)
8. s   SD (4,7)
9. s ∧ q   MP (1,8)
10. q   S (9)
11. ~ q ∧ q   Conj. (6,10) → inconsistência

As premissas envolvidas são inconsistentes

3. Verificar a validade dos seguintes argumentos:

1. p ∨ ~ q
2. ~ p
3. ~ (p ∧ r) → q
∴ r

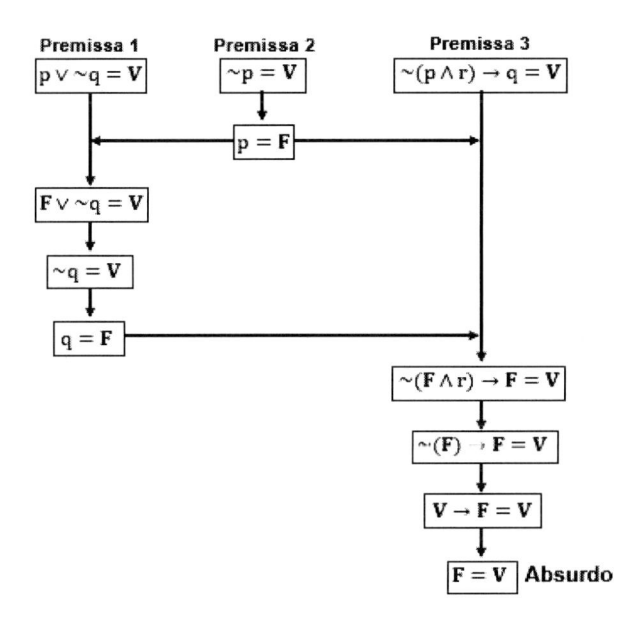

```
Premissa 1          Premissa 2         Premissa 3
p ∨ ~q = V          ~p = V             ~(p ∧ r) → q = V
      │                │                    │
      │              p = F ─────────────────┤
      │                │                    │
      ▼                                     │
F ∨ ~q = V                                  │
      │                                     │
      ▼                                     │
   ~q = V                                   │
      │                                     │
      ▼                                     ▼
   q = F ────────────────────────► ~(F ∧ r) → F = V
                                            │
                                            ▼
                                      ~(F) → F = V
                                            │
                                            ▼
                                        V → F = V
                                            │
                                            ▼
                                      F = V │ Absurdo
```

1. p ∨ ~q
2. ~p
3. ~(p ∧ r) → q
4. ~q   SD (1,2)
5. p ∧ r   MT (3,4)
6. p   S (5)
7. p ∧ ~p   CONJ (6,2) → inconsistência

As premissas envolvidas são inconsistentes

Verificar utilizando as Equivalências Notáveis e as Regras de Inferência se as proposições abaixo são inconsistentes (construir o fluxograma).

1. x = 0 ∧ y > z
   2. y > z → z ≥ y
   3. x < y → x ≠ 0
   4. x < y ∨ z < y

2. $x = 1 \rightarrow x < z$
2. $y < z \rightarrow x < z$
3. $(x = 1 \lor y < z) \land x \geq z$

3. $x + y = x \rightarrow y \leq 0$
2. $y > 0 \land x = y$
3. $x = y \leftrightarrow x + y = x$

4. $\sim (x \neq 0 \lor x < y)$
2. $x = 0 \rightarrow x < 1$
3. $x < y \lor x \geq 1$

Verificar a validade dos seguintes argumentos:

5. $p \rightarrow \sim s, s, \sim p \rightarrow q \land r \vdash q \land r$
6. $q \rightarrow r, \sim q \rightarrow p, \sim r \vdash p$
7. $(p \land \sim t) \rightarrow \sim r, q \rightarrow r, q \land s \vdash \sim (\sim t \land p)$
8. $\sim p \lor \sim s, \sim q \rightarrow p, q \rightarrow \sim r, r \vdash \sim s$
9. $\sim (p \land s), \sim s \rightarrow q, \sim p \rightarrow q, r \rightarrow \sim q \vdash \sim r$
10. $p \rightarrow \sim q, (p \land r) \lor t, t \rightarrow s \lor u, \sim s \land \sim u \vdash \sim q$
11. $\sim (p \lor \sim q), p \lor s, q \rightarrow r, s \land r \rightarrow t \land r \vdash r \land t$
12. $(q \rightarrow r) \lor p, \sim p \vdash q \rightarrow r$
13. $r \rightarrow q, \sim (p \lor q), p \lor r \vdash \sim q$
14. $p \rightarrow s, p \land s \rightarrow q \lor r, q \lor r \rightarrow \sim t, (p \rightarrow \sim t) \rightarrow u \vdash u$
15. $\sim (p \lor s), \sim s \rightarrow q, \sim q \lor r, \sim p \rightarrow \sim r \vdash \sim q$

16. $(p \to s) \vee (q \wedge r), \sim s \vdash \sim p \vee r$
17. $q \vee \sim r, \sim (r \to p), q \to p \vdash p$
18. $p \vee (s \wedge q), p \vee q \to r \wedge t \vdash r$
19. $\sim (p \vee s), \sim s \to q, \sim q \vee r, \sim p \to \sim r \vdash r$
20. $p \to s, s \vee q \to r, \sim r \vdash \sim p$

CAPÍTULO 7

PROVA CONDICIONAL

Além da Prova Direta, vista anteriormente, outro método muito utilizado para demonstrar a validade de um argumento é uma demonstração ou prova condicional. Este tipo de demonstração só pode ser usada quando a conclusão do argumento for da forma condicional.

Seja o argumento $P_1, P_2, P_3, ..., P_n \vdash A \to B$

O argumento será válido se e somente se a condicional associada:

$P_1 \land P_2 \land P_3 \land ... \land P_n \to A \to B$ for tautologia.

Esta condicional associada é equivalente à seguinte:

$(P_1 \land P_2 \land P_3 \land ... \land P_n) \land A \to B$ segundo a equivalência notável Exportação-Importação.

Portanto para demonstrar a validade do argumento cuja conclusão tem forma condicional $A \to B$, introduz-se A como premissa adicional e deduz-se B.

Exemplos

1. Verificar a validade do argumento

    1. ~ r
    2. p ∨ (q → r)
    ∴ q → p   utilizando a prova condicional pode-se escrever:

    1. ~ r
    2. p ∨ (q → r)
    3. q   P.A. (premissa adicional) e provar p
    4. q ∧ ~ r   Conj. (3,2)
    5. ~ (~ q ∨ r)   DM (4)
    6. ~ (q → r)   Cond. (5)
    7. p   SD (2,6) cqd

Premissa 1	Premissa 2	Premissa Adicional
~r = V	p ∨ (q → r) = V	q = V

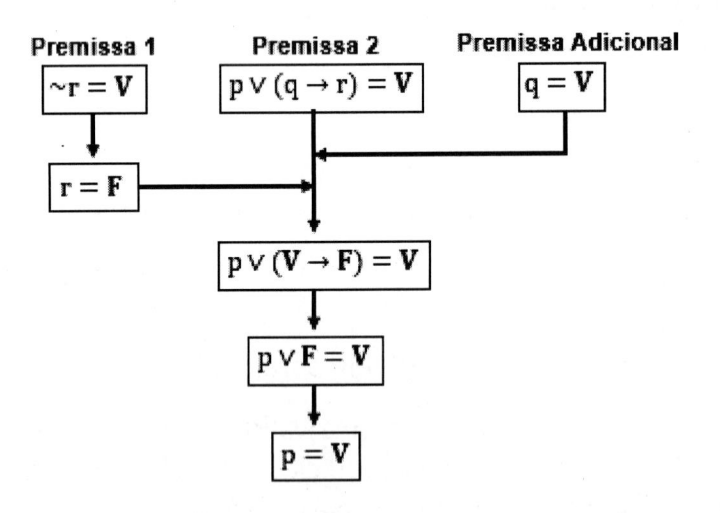

$$r = F$$

$$p ∨ (V → F) = V$$

$$p ∨ F = V$$

$$p = V$$

2. Verificar a validade do argumento

    1. p → q
    2. ~ r → ~ q
    ∴ ~ r → ~ p

```
Premissa 1        Premissa 2         Premissa Adicional
 p → q = V         ~r → ~q = V           ~r = V
     │                 │                    │
     │                 ▼                    │
     │            V → ~q = V  ◄─────────────┘
     │                 │
     │                 ▼
     │              ~q = V
     │                 │
     │                 ▼
     │               q = F
     │                 │
     ▼                 │
  p → F = V  ◄─────────┘
     │
     ▼
   p = F  ────────►  ~p = V
```

1. p → q
2. ~ r → ~ q
3. ~ r   P.A
4. ~ q   MP (2,3)
5. ~p   MT (1,4) cqd

3. Verificar a validade do argumento

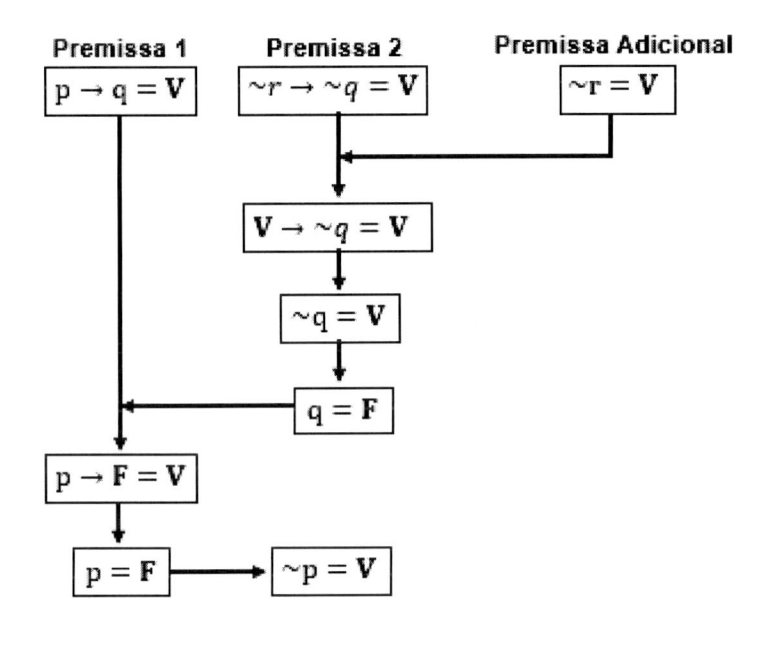

1. $(y = 0 \to z > y) \wedge x > z$
2. $(z > y \vee x > y) \to (y < 0 \wedge y \neq 2)$
3. $y = 1 \to x > y$
∴ $y = 1 \vee y = 0 \to y < 0 \vee y > 0$

Chamando:

$y = 0 : p ; z > y : q ; x > z : r ; x > y : s ; y < 0 : t ; y \neq 2 : u ;$
$y = 1 : v ; y > 0 : w$

Temos:

1. $(p \rightarrow q) \wedge r$
2. $(q \vee s) \rightarrow (t \wedge u)$
3. $v \rightarrow s$
∴ $v \vee p \rightarrow t \vee w$

---

1. $(p \rightarrow q) \wedge r$
2. $(q \vee s) \rightarrow (t \wedge u)$
3. $v \rightarrow s$
4. $v \vee p$ P.A
5. $p \rightarrow q$ S (1)
6. $q \vee s$ DC (3,5,4)
7. $t \wedge u$ MP (2,6)
8. t S (7)
9. $t \vee w$ A(8) cqd

4. Verificar a validade do argumento
$p \rightarrow s, s \leftrightarrow r, t \vee (q \wedge \sim r) \vdash p \rightarrow t$

Temos:

1. $p \rightarrow s$
2. $s \leftrightarrow r$
3. $t \vee (q \wedge \sim r)$
∴ $p \rightarrow t$

---

1. $p \rightarrow s$
2. $s \leftrightarrow r$
3. $t \vee (q \wedge \sim r)$
4. p P.A
5. s MP (1,4)
6. $(s \rightarrow r) \wedge (r \rightarrow s)$ BIC (2)
7. $s \rightarrow r$ S (6)
8. r MP (7,5)

9. (t ∨ q) ∧ (t ∨ ~ r)   DIST (3)
10. t ∨ ~ r   S (6)
11. t   SD (10,8) cqd

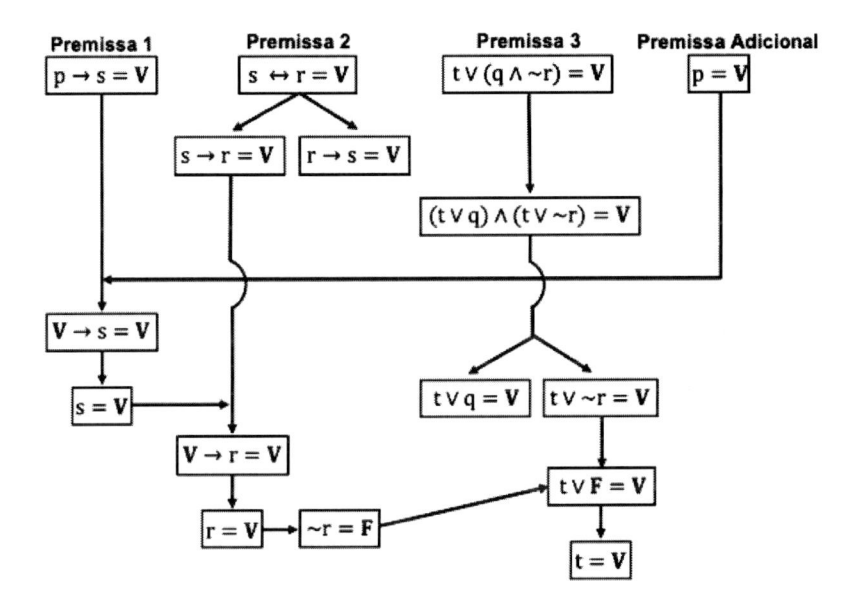

```
Premissa 1      Premissa 2        Premissa 3           Premissa Adicional
p → s = V       s ↔ r = V         t ∨ (q ∧ ~r) = V     p = V

                s → r = V  r → s = V

                              (t ∨ q) ∧ (t ∨ ~r) = V

V → s = V

s = V
                V → r = V
                                  t ∨ q = V    t ∨ ~r = V
                r = V   ~r = F
                                          t ∨ F = V

                                              t = V
```

5. Verificar a validade do argumento
~ p → ~ r, q → s, (~ p ∧ t) ∨ (q ∧ u) ⊢ r → s

Temos:

1. ~ p → ~ r
2. q → s
3. (~ p ∧ t) ∨ (q ∧ u)
∴ r → s

1. ~ p → ~ r
2. q → s
3. (~ p ∧ t) ∨ (q ∧ u)
4. r
5. p   MT (1,4)

6. p ∨ ~t   A (5)
7. ~(~p ∧ t)   DM (6)
8. q ∧ u   SD (3,7)
9. q   S (8)
10. s   MP (2,9) cqd

6. Verificar a validade do argumento
~p → (r → q), t ∨ (q → s), p → t ⊢ ~t →(r → s)

Temos:

1. ~p → (r → q)
2. t ∨ (q → s)
3. p → t
∴ ~t →(r → s)

1. ~p → (r → q)
2. t ∨ (q → s)
3. p → t
4. ~t   P.A-1
5. r   P.A-2
6. q → s   SD (2,4)
7. ~p   MT (3,4)
8. r → q   MP (1,7)
9. q   MP (8,5)
10. s   MP (6,9) cqd

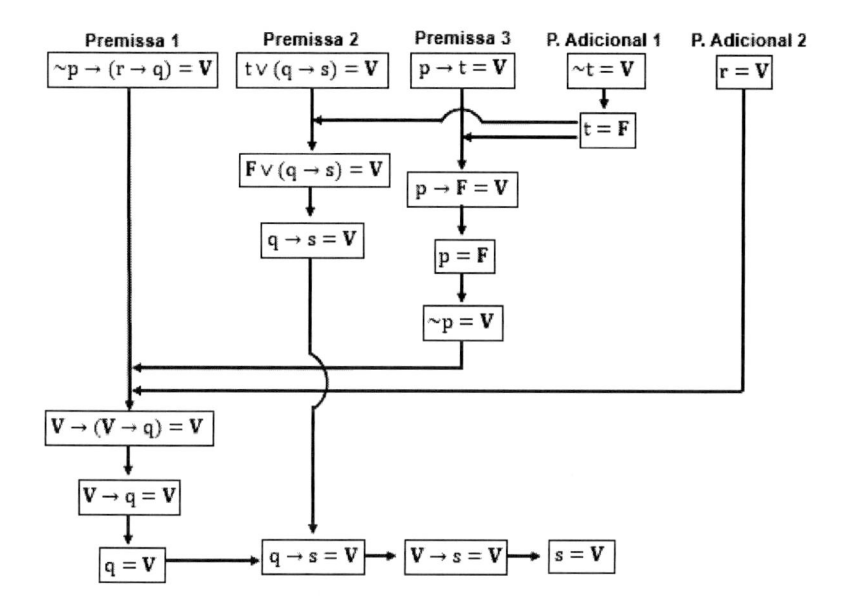

Premissa 1	Premissa 2	Premissa 3	P. Adicional 1	P. Adicional 2
$\sim p \to (r \to q) = V$	$t \vee (q \to s) = V$	$p \to t = V$	$\sim t = V$	$r = V$

$t = F$

$F \vee (q \to s) = V$

$p \to F = V$

$q \to s = V$

$p = F$

$\sim p = V$

$V \to (V \to q) = V$

$V \to q = V$

$q = V \quad q \to s = V \quad V \to s = V \quad s = V$

7. Se Flávia comprar uma piscina, mandará instalar guarda-sóis nas proximidades. Se instalar guarda-sóis, comprará mesas e cadeiras. Se comprar mesas e cadeiras, ficará sem dinheiro para colocar água na piscina. Portanto, se Flávia tem dinheiro para colocar água na piscina, então não comprará a piscina.

Chamando:

Flávia vai comprar uma piscina. : p

Mandará instalar guarda-sóis. : q

Comprar mesas e cadeiras. : r

Ficar sem dinheiro para colocar água na piscina. : s

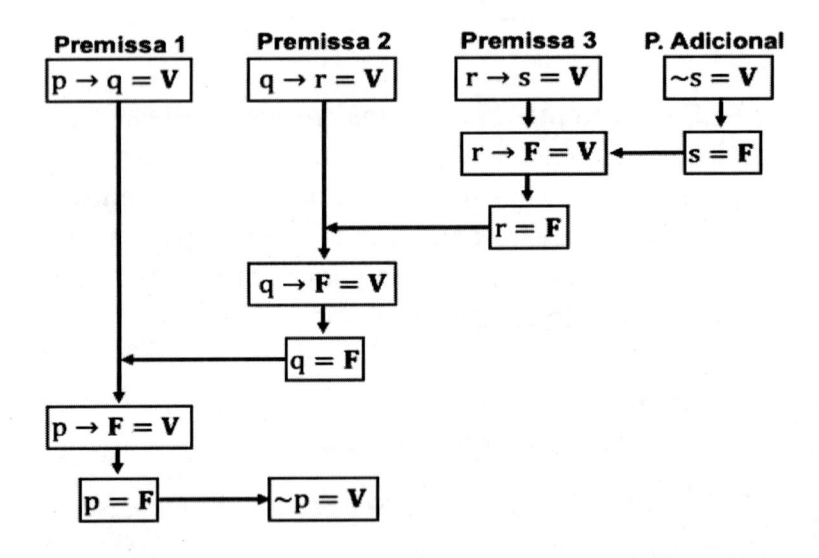

Temos:

1. $p \to q$
2. $q \to r$
3. $r \to s$
∴ $\sim s \to \sim p$

1. $p \to q$
2. $q \to r$
3. $r \to s$
4. $\sim s$ P.A
5. $\sim r$ MT (3,4)
6. $\sim q$ MT (2,5)
7. $\sim p$ MT (1,6) cqd.

Premissa 1	Premissa 2	Premissa 3	P. Adicional
$p \to q = V$	$q \to r = V$	$r \to s = V$	$\sim s = V$

$r \to F = V$ ← $s = F$

$r = F$

$q \to F = V$

$q = F$

$p \to F = V$

$p = F$ → $\sim p = V$

EXERCÍCIOS PROPOSTOS

1. Verificar a validade do argumento, utilizando a prova Condicional

   a. $(q \vee \sim p) \vee r, \sim q \vee (p \wedge \sim q) \vdash p \rightarrow r$
   b. $p \wedge q \rightarrow \sim s, s \vee (r \wedge t), p \leftrightarrow q \vdash p \rightarrow r$
   c. $p \rightarrow q, q \leftrightarrow r, t \vee (s \wedge \sim r) \vdash p \rightarrow t$

CAPÍTULO 8

DEMONSTRAÇÃO INDIRETA OU POR REDUÇÃO AO ABSURDO

Consiste em admitir a negação da conclusão verdadeira como premissa adicional e deduzir logicamente uma contradição qualquer.

Exemplo.

1. Verificar a validade do argumento

1. $p \to \sim q$
2. $r \to q$
∴ $\sim (p \wedge r)$

Prova Direta
1. $p \to \sim q$
2. $r \to q$
3. $\sim q \to \sim r$ CP (2)
4. $p \to \sim r$ SH (1,3)
5. $\sim p \vee \sim r$ Cond. (4)
6. $\sim (p \wedge r)$

Prova Condicional
$\sim (p \wedge r) \Leftrightarrow \sim p \vee \sim r \Leftrightarrow p \to \sim r$
1. $p \to \sim q$
2. $r \to q$
3. p P.A.
4. $\sim q$ MP (1,3)
5. $\sim r$ MT (2,4)

Redução ao Absurdo

1. $p \rightarrow \sim q$
2. $r \rightarrow q$
3. $\underline{p \wedge r \qquad\qquad}$ P.A.
4. p   S (3)
5. r   S (3)
6. $\sim q$ MP (1,4)
7. q   MP (2,5)
8. $\sim q \wedge q$ Conj. (6,7)   ABSURDO !!!

Observa-se que pelos três Métodos apresentados, chegam-se ao mesmo veredito, isto é, o argumento é válido.

Construindo o fluxograma, temos:

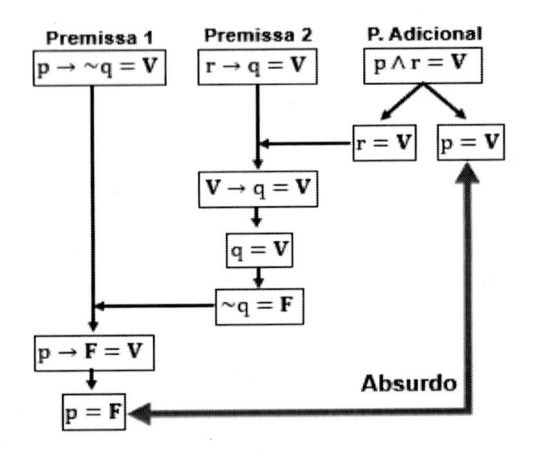

```
Premissa 1      Premissa 2      P. Adicional
[p → ~q = V]    [r → q = V]     [p ∧ r = V]
                                  ↓    ↓
                               [r = V] [p = V]
                   ↓
               [V → q = V]
                   ↓
               [q = V]
                   ↓
               [~q = F]
        ↓
    [p → F = V]
        ↓                        Absurdo
    [p = F] ←─────────────────────
```

2. Verificar a validade do argumento.

1. $(p \rightarrow r) \vee (q \wedge s)$
2. $\underline{\sim r \qquad\qquad\qquad\qquad}$
$\therefore p \rightarrow s$

Solução 1: Como a conclusão é do tipo condicional, pode-se pegar o antecedente do condicional como premissa adicional e na sequência negar o consequente como segunda premissa adicional.

1. $(p \rightarrow r) \vee (q \wedge s)$
2. $\sim r$
3. p P.A. 1
4. $\sim s$ P.A. 2
5. $\sim q \vee \sim s$ A (4)
6. $\sim (q \wedge s)$ DM (5)
7. $p \rightarrow r$ SD (1,6)
8. r MP (7,3)
9. $\sim r \wedge r$ Conj. (2,8) ABSURDO !!!

Solução 2: Outra maneira, é negar a conclusão:

1. $(p \rightarrow r) \vee (q \wedge s)$
2. $\sim r$
3. $\sim (p \rightarrow s)$ P.A.
4. $\sim (\sim p \vee s)$ Cond. (3)
5. $p \wedge \sim s$ DM (4)
6. p S (5)
7. $\sim s$ S (5)
8. $\sim q \vee \sim s$ A (4)
9. $\sim (q \wedge s)$ DM (5)
10. $p \rightarrow r$ SD (1,6)
11. r MP (7,3)
12. $\sim r \wedge r$ Conj. (2,8) ABSURDO !!!

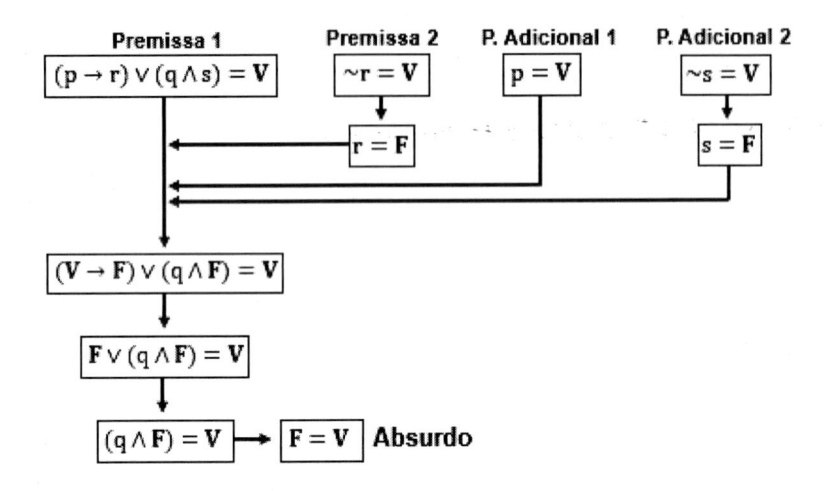

```
    Premissa 1              Premissa 2   P. Adicional 1   P. Adicional 2
  (p → r) ∨ (q ∧ s) = V      ~r = V         p = V            ~s = V
                               ↓                               ↓
                             r = F                           s = F

  (V → F) ∨ (q ∧ F) = V
           ↓
     F ∨ (q ∧ F) = V
           ↓
      (q ∧ F) = V  →  F = V   Absurdo
```

Chega-se a um absurdo, logo o argumento é válido.

3. Verificar a validade dos argumentos.

Se Thom comprar uma casa, contratará uma empresa de vigilância. Contratará uma empresa de vigilância se, e somente se o bairro for violento. Instalará câmeras de monitoramento ou o bairro não é violento. Portanto, se Thom comprar uma casa então instalará câmeras de monitoramento.

Chamando:

Thom comprar uma casa : p

Contratar uma empresa de vigilância : q

Bairro for violento : r

Instalar câmeras de monitoramento : s

Temos:

1. p → q
2. q ↔ r
3. s ∨ ~ r
∴ p → s

1. p → q
2. q ↔ r
3. s ∨ ~ r
4. p   P.A (1)
5. ~s   P.A (2)
6. (q → r) ∧ (r → q)   BIC(2)
7. ~ r ∨ s   COM (3)
8. r → s   COND (7)
9. q → r   S (6)
10. p → r   SH (1,9)
11. p → s   SH (10,8)
12. ~p   MT (11,5)
13. p ∧ ~ p   CONJ (4,12)

Absurdo. Portanto, o argumento é válido.

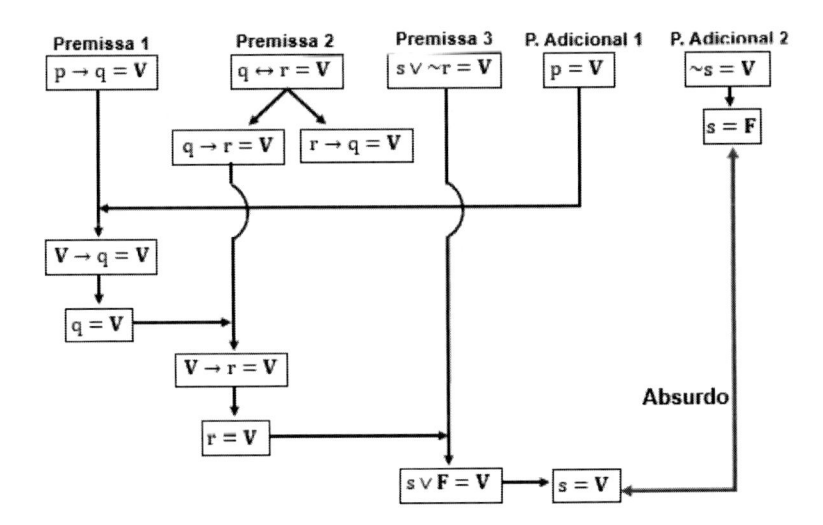

4. Verificar a validade do argumento.

1. ~ p → ~ r ∨ q
2. s ∨ (q → t)
3. p → s
∴ ~ s → (r → t)

Temos:

1. ~ p → ~ r ∨ q
2. s ∨ (q → t)
3. p → s
4. ~ s   P.A-1
5. r   P.A-2
6. ~ t   P.A-3
7. ~ p   MT (3,4)
8. ~ r ∨ q   MP (1,7)
9. q → t   SD (2,4)
10. ~ q   MT (9,6)
11. q   SD (8,5)
12. q ∧ ~ q   CONJ (11,10)

Absurdo. Portanto, o argumento é válido.

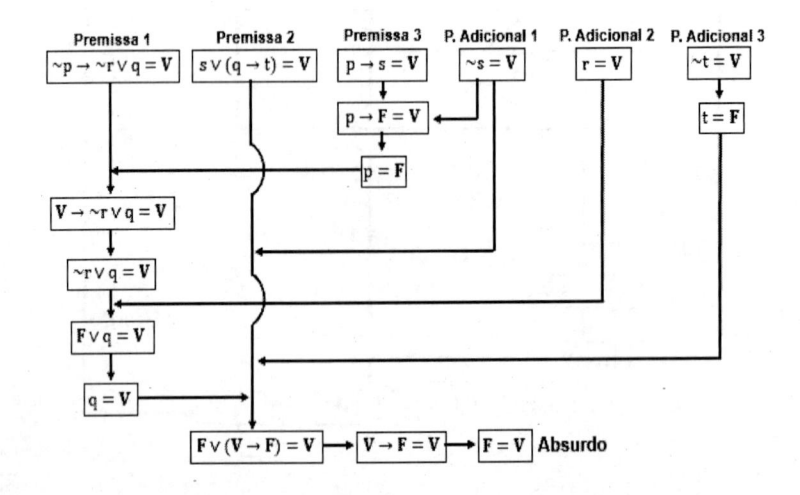

Premissa 1	Premissa 2	Premissa 3	P. Adicional 1	P. Adicional 2	P. Adicional 3
~p → ~r∨q = V	s∨(q→t) = V	p→s = V	~s = V	r = V	~t = V

p→F = V

p = F

t = F

V → ~r∨q = V

~r∨q = V

F∨q = V

q = V

F∨(V→F) = V → V→F = V → F = V Absurdo

5. Verificar a validade do argumento.

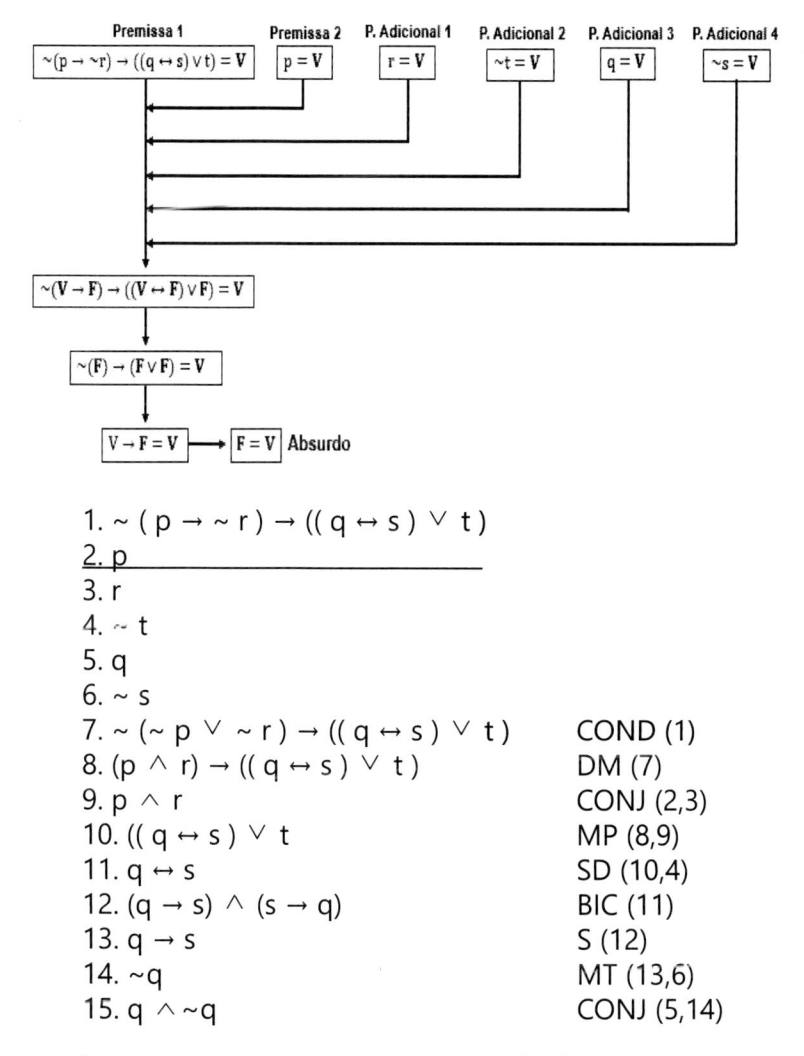

1. ~ (p → ~ r) → ((q ↔ s) ∨ t)
2. p
∴ r → ~ t → (q → s)

Premissa 1	Premissa 2	P. Adicional 1	P. Adicional 2	P. Adicional 3	P. Adicional 4
~(p → ~r) → ((q ↔ s) ∨ t) = V	p = V	r = V	~t = V	q = V	~s = V

~(V → F) → ((V ↔ F) ∨ F) = V

~(F) → (F ∨ F) = V

V → F = V ⟶ F = V   Absurdo

1. ~ (p → ~ r) → ((q ↔ s) ∨ t)
2. p
3. r
4. ~ t
5. q
6. ~ s
7. ~ (~ p ∨ ~ r) → ((q ↔ s) ∨ t)   COND (1)
8. (p ∧ r) → ((q ↔ s) ∨ t)   DM (7)
9. p ∧ r   CONJ (2,3)
10. ((q ↔ s) ∨ t   MP (8,9)
11. q ↔ s   SD (10,4)
12. (q → s) ∧ (s → q)   BIC (11)
13. q → s   S (12)
14. ~q   MT (13,6)
15. q ∧ ~q   CONJ (5,14)

Absurdo. Portanto, o argumento é válido.

EXERCÍCIOS PROPOSTOS

1. Verificar a validade do argumento, utilizando a prova por redução ao Absurdo.

   a. $(q \lor \sim p) \lor r, \sim q \lor (p \land \sim q) \vdash p \to r$
   b. $p \land q \to \sim s, s \lor (r \land t), p \leftrightarrow q \vdash p \to r$
   c. $p \to q, q \leftrightarrow r, t \lor (s \land \sim r) \vdash p \to t$

CAPÍTULO 9

CÁLCULO DOS PREDICADOS

Nos capítulos anteriores, estudamos a lógica proposicional, tratando das relações lógicas geradas pelos operadores *não, e, ou, se então e se e somente se*. Estes conectivos são fundamentais, para a verificação da validade de um argumento, por exemplo ou ainda a verificação do valor lógico de uma proposição composta. No entanto, eles refletem apenas uma parte do principal assunto da lógica. Consideremos uma outra parte, as relações lógicas geradas pelas expressões *todo, nenhum e algum*, que veem complementar o nosso estudo.

QUANTIFICADORES

Vamos iniciar entendendo o que vem a ser uma sentença aberta.

Sentença Aberta

Sejam as proposições:

p: $2 + 3 \leq 10$ V (valor lógico)(p) = V
q: $x + 3 \leq 10$ V (q) = ?

A proposição p é verdadeira ao passo que nada podemos afirmar sobre o valor lógico da proposição q.

Neste caso dizemos que a proposição q é **uma sentença aberta** ou **função proposicional.**

O conjunto verdade da sentença aberta $x + 3 \leq 10$ onde $x \in R$ é:

$V = \{x \in R \mid x \leq 7\}$

Quantificador Universal

Chamaremos de quantificador universal, quando todos os elementos de um conjunto A não vazio, satisfazem a sentença aberta $P_{(x)}$. Podemos afirmar que "para todo x em um dado conjunto a proposição $P_{(x)}$ é verdadeira". Denotaremos com o símbolo $\forall$ (para todo) chamado quantificador universal para exprimir este fato.

No simbolismo da lógica matemática indica-se este fato abreviadamente por uma das seguintes maneiras:

a. $(\forall x \in A)(P_{(x)})$

b. $\forall x \in A, P_{(x)}$

c. $\forall x \in A : P_{(x)}$

Quantificador Existencial

Chamaremos de quantificador existencial, casos que envolvem expressões do tipo: *existe, há pelo menos um e algum*. Denotaremos com o símbolo ∃ chamado quantificador existencial.

Uma proposição do tipo "existe um x tal que $P_{(x)}$ "pode ser escrito simbolicamente ∃ x, $P_{(x)}$.

As seguintes proposições têm o mesmo significado.

a. ∃ x , x ∈ R

b. Existe um x tal que x pertence ao conjunto dos reais

c. Algum número é real

d. Existe pelo menos um número real.

Exemplos
1. Determinar o conjunto verdade da sentença aberta $x^2 + 3x + 2 = 0$, sendo

   A = {-1, 0,1,3,4,7,9,11}.

Calculando as raízes da equação, aplicando a fórmula de Bhaskara, temos:

$$x = \frac{-b \pm \sqrt{b^2 - 4.a.c}}{2.a}$$

$$\frac{-3 \pm \sqrt{3^2 - 4.1.2}}{2.1} \rightarrow \frac{-3 \pm 1}{2} \rightarrow x_1 = -1 \text{ e } x_2 = -2$$

Portanto, o conjunto verdade é V = {-1}

2. Determinar o conjunto verdade em R da seguinte sentença aberta:

$|x^2 - 3x - 1| = 3$
$x^2 - 3x - 1 = 3$ e $\quad x^2 - 3x - 1 = -3$
$x^2 - 3x - 4 = 0$ e $\quad x^2 - 3x + 2 = 0$

Utilizando a fórmula de Bhaskara novamente teremos:

$x_1 = 4$ e $x_1 = 2$
$x_2 = -1$ e $x_2 = 1$

Portanto, o conjunto verdade é V = $\{-1, 1, 2, 4\}$

EXERCÍCIOS PROPOSTOS

1. Determinar o conjunto verdade das seguintes sentenças abertas, sendo
   A = $\{0, 1, 3, 4, 7, 9, 11, 13, 15\}$.

   a. $3 \leq x < 9$

   b. $x^2 \in A$

   c. $x^3 - 4x^2 = 0$

   d. $|2x + 5| < 15$

   e. $x^2 < 81$

   f. x é divisor de 30

   g. $x^2 + 1 \in A$

2. Determinar o conjunto verdade em N das seguintes sentenças abertas:

   a. $2x = 8$
   b. $x - 7 \in N$
   c. $x^2 - 3x = 0$
   d. $x - 1 < 5$
   e. $x^2 - 6x + 8 = 0$
   f. $x^2 - 8x + 15 = 0$

3. Determinar o conjunto verdade em Z de cada uma das seguintes sentenças abertas:

   a. $|2x - 1| = 7$
   b. $2x^2 + 8x = 0$
   c. $x^2 - 7x + 12 = 0$
   d. $3x^2 - 27 = 0$
   e. $x^2 < 9$
   f. $x^2 - 16 = 0$

4. Determinar o conjunto verdade em R das seguintes sentenças abertas:

   a. $x^3 + |4x| = 0$
   b. $x^2 - 2|x| - 5 = 0$
   c. $|4x - 3| - 2x + 3$
   d. $|x^2 - x - 8| = x + 7$
   e. $|x|^2 + |x| - 12 = 0$

f. $|2x - 2| = 2x - 2$

g. $|x - 1| = x - 1$

NEGAÇÃO DE SENTENÇAS QUANTIFICADAS

Os quantificadores universal ou existencial podem sofrer a influência da negação, isto é, pode-se negar uma sentença quantificada.

Seja a sentença aberta $P_{(x)}$ e $A = \{a,b,c,d,...\}$ o conjunto da variável x, então

$$\forall x, P_{(x)} \Leftrightarrow P_{(a)} \land P_{(b)} \land P_{(c)} \land P_{(d)} \land ...$$

Negando a sentença teremos:

$$\sim(\forall x, P_{(x)}) \Leftrightarrow \sim(P_{(a)} \land P_{(b)} \land P_{(c)} \land P_{(d)} \land ...)$$

Pela Lei De Morgan teremos:

$$\sim(\forall x, P_{(x)}) \Leftrightarrow \sim(P_{(a)}) \lor \sim(P_{(b)}) \lor \sim(P_{(c)}) \lor \sim(P_{(d)}) \lor ......$$

$$\sim(\forall x, P_{(x)}) \Leftrightarrow (\exists x, \sim(P_{(x)}))$$

Exemplo a

Negar a sentença:

Todos os alunos serão aprovados em lógica.

$\sim(\forall x, P_{(x)})$

Existe pelo menos um aluno que será reprovado em lógica.

$(\exists x, \sim P_{(x)})$

De maneira análoga, a negação da sentença

$$\exists x, P_{(x)} \Leftrightarrow P_{(a)} \vee P_{(b)} \vee P_{(c)} \vee P_{(d)} \vee ...$$

a sua negação:

$\sim(\exists x, P_{(x)}) \Leftrightarrow \sim(P_{(a)} \vee P_{(b)} \vee P_{(c)} \vee P_{(d)} \vee ...)$

usando De Morgan:

$\sim(\exists x, P_{(x)}) \Leftrightarrow \sim P_{(a)} \wedge \sim P_{(b)} \wedge \sim P_{(c)} \wedge \sim P_{(d)} \wedge ...$
$\sim(\exists x, P_{(x)}) \Leftrightarrow (\forall x, \sim P_{(x)})$

Exemplo b

1. Negar a sentença:

   Alguns alunos são estudiosos.
   Negação: Todos os alunos não são estudiosos.

2. Sendo R o conjunto dos números reais determinar o valor lógico de cada uma das proposições:

   a. $(\forall x \in R)(x^2 = x)$ Falso
   b. $(\forall x \in R)(x + 1 > x)$ Verdadeiro
   c. $(\forall x \in R)(|x| = x)$ Falso
   d. $(\exists x \in R)(|x| = 0)$ Verdadeiro

e. $(\exists\, x \in R)\,(x + 2 = x)$ Falso

f. $(\exists\, x \in R)\,(x^2 = x)$ Verdadeiro

3. Negar as proposições do exercício anterior:

    a. $(\exists\, x \in R)\,(x^2 \neq x)$ Verdadeiro

    b. $(\exists\, x \in R)\,(x + 1 \leq x)$ Falso

    c. $(\exists\, x \in R)\,(|x| \neq x)$ Verdadeiro

    d. $(\forall\, x \in R)\,(|x| \neq 0)$ Falso

    e. $(\forall\, x \in R)\,(x + 2 \neq x)$ Verdadeiro

    f. $(\forall\, x \in R)\,(x^2 \neq x)$ Falso

4. (Banco do Brasil-2011) Um jornal publicou a seguinte manchete: "Toda Agência do Banco do Brasil tem déficit de funcionários". Diante de tal inverdade, o jornal se viu obrigado a retratar-se, publicando uma negação de tal manchete. Das sentenças seguintes, aquela que expressaria de maneira correta a negação da manchete publicada é:

    a. Qualquer agência do Banco do Brasil não tem déficit de funcionários.

    b. Nenhuma agência do Banco do Brasil tem déficit de funcionários.

    c. Alguma Agência do Banco do Brasil não tem déficit de funcionários.

    d. Existem Agências com déficit de funcionários que não pertencem ao Banco do Brasil.

e. O quadro de funcionários do Banco do Brasil está completo.

Solução: Negação de toda : alguma ou existem
Negação de tem déficit: não tem déficit
Portanto, letra (c).

EXERCÍCIOS PROPOSTOS

1. Sendo o conjunto A = {1,2,3,4,5,6,7,8,9} determinar o valor lógico das seguintes proposições:
   a. $(\exists x \in A)(x + 1 = 12)$
   b. $(\forall x \in A)(x + 2 < 9)$
   c. $(\exists x \in A)(x + 3 < 7)$
   d. $(\forall x \in A)(x + 4 \leq 9)$
   e. $(\exists x \in A)(3^x = 243)$
   f. $(\exists x \in A)(x^2 - 2x = 8)$

2. Negar as proposições do exercício anterior.
3. Sendo R o conjunto dos reais determinar o valor lógico das seguintes proposições:
   a. $(\exists x \in R)(x = 2x)$
   b. $(\exists x \in R)(x^2 - 6x = -8)$

c. $(\exists x \in R)(x^2 + 12 = 7x)$

d. $(\forall x \in R)(x + 3x = 4x)$

e. $(\forall x \in R)(x^2 + 1 > 0)$

f. $(\exists x \in R)(x^2 + 4 = 0)$

g. $(\exists x \in R)(3x - 4 = 1 - 2x)$

h. $(\forall x \in R)(x^2 + 15 = 8x)$

i. $(\exists x \in R)(3x^2 - 2x - 1 = 0)$

j. $(\exists x \in R)(3x^2 - 2x + 1 = 0)$

k. $(\forall x \in R)((x + 3)^2 = x^2 + 6x + 9)$

4. Negação das proposições do exercício anterior

5. Sendo $A = \{1,2,3\}$ determinar o valor lógico das seguintes proposições:

a. $(\exists x \in A)(x^2 + x - 6 = 0)$

b. $(\exists y \in A)(\sim (y^2 + y = 6))$

c. $(\exists x \in A)(x^2 + 3x = 0)$

d. $(\forall z \in A)(z^2 + 3z \neq 1)$

e. $(\forall x \in A)((x + 1)^2 = x^2 + 1)$

f. $(\exists x \in A)(x^3 - x^2 - 10x - 8 = 0)$

g. $(\forall x \in A)(x^4 - 4x^3 - 7x^2 - 50x = 24)$

6. Negação das proposições do exercício anterior.

7. Determinar o conjunto verdade em $A = \{1, 3, 5, 7, 9, 10, 11\}$ de cada uma das seguintes sentenças abertas:

a. $(x + 1) \in A$
b. $x + 1$ é ímpar
c. $x + 2$ é primo
d. $x^2 - 7x + 10 = 0$

SENTENÇAS ABERTAS COM DUAS VARIÁVEIS

Sendo dados os conjuntos A e B, chama-se sentença aberta com duas variáveis em AxB uma expressão $P_{(x,y)}$ tal que $P_{(a,b)}$ é falsa ou verdadeira para todo par ordenado $(a,b) \in AxB$.

Exemplo:

Sejam os conjuntos $A = \{1,2,3\}$ e $B = \{1,2\}$
$(x \in A)(y \in B)((x + y)^2 > x^2 + y^2)$

Temos:

$AxB = \{(1,1);(1,2);(2,1);(2,2);(3,1);(3,2)\}$
$P_{(a,b)} = ((x + y)^2 > x^2 + y^2)$
$P_{(1,1)} = ((1 + 1)^2 > 1^2 + 1^2) = 4 > 2$ verdadeira
$P_{(1,2)} = ((1 + 2)^2 > 1^2 + 2^2) = 9 > 5$ verdadeira
$P_{(2,1)} = ((2 + 1)^2 > 2^2 + 1^2) = 9 > 5$ verdadeira
$P_{(2,2)} = ((2 + 2)^2 > 2^2 + 2^2) = 16 > 8$ verdadeira
$P_{(3,1)} = ((3 + 1)^2 > 3^2 + 1^2) = 16 > 10$ verdadeira
$P_{(3,2)} = ((3 + 2)^2 > 3^2 + 2^2) = 25 > 13$ verdadeira

CONJUNTO VERDADE DE UMA SENTENÇA ABERTA COM DUAS VARIÁVEIS

Diz-se que o conjunto verdade de uma sentença aberta $P_{(x,y)}$ em AxB, ao conjunto de todos os elementos (a,b) ∈ AxB tais que (a,b) é uma proposição verdadeira.

No exemplo anterior o conjunto verdade é:

V = {(1,1);(1,2);(2,1);(2,2);(3,1);(3,2)}

QUANTIFICAÇÃO MÚLTIPLA

Diz-se que toda sentença aberta com todas as variáveis quantificadas é uma proposição, pois assume um dos valores lógicos, Verdadeiro ou Falso.

Exemplos:

1. $(\forall x \in R) (\forall y \in R) ((x + y)^2 > x^2 + y^2)$ Falsa
Justificativa: bastaria considerar ou $x \leq 0$ ou $y \leq 0$ ou ambos.

2. Sejam os conjuntos A = {1,2,} e B = {0,2,4,} e a sentença aberta em
AxB: 2x + y = 8 determinar o valor lógico das seguintes proposições:

   a. $(\forall x \in A) (\exists y \in B) (2x + y = 6)$

Justificativa: para x=1 então y = 4 verdade

Para x=2 então y = 2 verdade

Portanto, é verdadeira, pois para todos os valores de x, existia um y.

b. $(\forall\ y \in B)\ (\exists\ x \in A)\ (2x + y = 6)$

Justificativa: para y=0 então x = 3 falso

Portanto, é falso, pois para ser verdade, teria que ser para todos os valores de y.

c. $(\exists\ y \in B)\ (\forall\ x \in A)\ (2x + y = 6)$

Justificativa: teria que existir pelo menos um valor de y para todos os valores de x. Este valor de existe.

Portanto, é falso.

d. $(\exists\ x \in A)\ (\forall\ y \in B)\ (2x + y = 6)$

Justificativa: teria que existir pelo menos um valor de x para todos os valores de y. Este valor de existe.

Portanto, é falso.

COMUTATIVIDADE DOS QUANTIFICADORES

1º Quantificadores da mesma espécie podem ser comutados.

a. $(\forall x)(\forall y)(P_{(x,y)}) \Leftrightarrow (\forall y)(\forall x)(P_{(x,y)})$

b. $(\exists x)(\exists y)(P_{(x,y)}) \Leftrightarrow (\exists y)(\exists x)(P_{(x,y)})$

2º Quantificadores de espécies diferentes não podem, em geral, serem comutados.

NEGAÇÃO DE PROPOSIÇÕES COM QUANTIFICADORES

Obtém-se mediante a aplicação sucessiva das regras para negação de proposição com um único quantificador. (regras De Morgan)

$\sim (\forall x)(\forall y)(\exists z)(P_{(x,y,z)}) \Leftrightarrow (\exists x)(\exists y)(\forall z)(\sim P_{(x,y,z)})$

Exemplos

1. Sendo o conjunto $\{1,2,3,4,5,6,7\}$ o universo das variáveis x e y determinar o conjunto verdade de cada uma das seguintes sentenças abertas:

    a. $(\exists y)(x + y < 7)$ $V = \{1,2,3,4,5\}$

    b. $(\forall x)(x + y < 10)$ $V = \{1,2\}$

2. Sendo o conjunto $\{1,2,3,4,5,6,7\}$ o universo das variáveis x e y determinar o conjunto verdade de cada uma das seguintes sentenças abertas:

    a. $(\forall y)(2x + y < 10)$ $V = \{1\}$

    b. $(\exists x)(2x + y < 6)$ $V = \{1,2,3\}$

EXERCÍCIOS PROPOSTOS

1. Sendo o conjunto $\{1,2,3,4\}$ o universo das variáveis x e y determinar o valor lógico de cada uma das seguintes proposições:

   a. $(\exists x)(\forall y)(x^2 < y + 2)$
   b. $(\forall x)(\exists y)(x^2 + y^2 < 10)$
   c. $(\forall x)(\forall y)(x^2 + 2y < 12)$
   d. $(\exists x)(\forall y)(x^2 + 2y < 12)$
   e. $(\forall x)(\exists y)(x^2 + 2y < 12)$
   f. $(\exists x)(\exists y)(x^2 + 2y < 12)$

2. Sendo $A = \{1,2,3\}$ determinar o valor lógico de cada uma das seguintes proposições:

   a. $(\forall x \in A)(x + 3 < 8)$
   b. $(\exists x \in A)(x + 3 < 8)$
   c. $(\forall x \in A)(x^2 - 10 \leq 6)$
   d. $(\exists x \in A)(2x^2 + x = 21)$

3. Negar as proposições do exercício anterior.

4. Sendo R o conjunto dos números reais determinar o valor lógico de cada uma das seguintes proposições:

   a. $(\forall y \in R)(\exists x \in R)(x + y = x)$
   b. $(\forall x \in R)(\exists y \in R)(x + y = 0)$

c. $(\forall x \in R)(\exists y \in R)(x \cdot y = 1)$

d. $(\forall y \in R)(\exists x \in R)(x < y)$

5. Negar as proposições do exercício anterior.

6. Sendo $A = \{1,2,3,4,5,6,7,8,9\}$ determinar o valor lógico das proposições:

a. $(\forall x \in A)(\exists y \in A)(x + y < 10)$

b. $(\forall x \in A)(\forall y \in A)(x + y < 10)$

7. Negar as proposições do exercício anterior.

8. Determinar o conjunto verdade em $A = \{0, 1, 2, 3, 4, 5, 6, 7\}$ de cada uma das seguintes sentenças abertas compostas:

a. $x \geq 4 \wedge x$ é par

b. x é ímpar $\wedge\ x - 1 \leq 5$

c. $(x + 3) \in A \wedge (x^2 - 6) \notin A$

d. $x^2 - x = 0 \vee x^2 = x$

e. $x^2 \leq 40 \vee x^2 - 7x + 10 = 0$

f. x é primo $\vee (x + 1) \in A$

g. $x^2 < 25 \vee x$ é par

h. $\sim (x > 6)$

i. $\sim (x$ é par$)$

9. Determinar o conjunto verdade em A = {-5, -4, -3, -2, -1, 0, 1, 2, 3, 4, 5} das seguintes sentenças abertas compostas:

   a. $x^2 - 6x + 8 < 0 \rightarrow x^2 - 4 = 0$
   b. $x^2 + 4x + 3 = 0 \rightarrow x^2 - 36 \neq 0$
   c. $x^2 - 9 = 0 \rightarrow x$ é par
   d. $x^2 - 3x = 0 \leftrightarrow x^2 - x = 0$
   e. x é par $\leftrightarrow x^2 < 8$
   f. $x^2 > 12 \leftrightarrow x^2 - 7x + 12 = 0$
   g. x é primo $\leftrightarrow (x + 3) \in A$
   h. x é par $\leftrightarrow x^2 - 6x + 8 = 0$

10. Sejam as sentenças abertas em A = {1, 2, 3, 4, 5, 6, 7, 8, 9};

$p_{(x)} : x^2 \notin A$
$q_{(x)} : x$ é par

determinar o conjunto verdade:

   a. $V_{(p \rightarrow q)}$
   b. $V_{(q \rightarrow p)}$
   c. $V_{(p \leftrightarrow q)}$
   d. $V_{(p \wedge q)}$
   e. $V_{(p \vee q)}$
   f. $V_{(\sim p)}$

11. Sejam as sentenças abertas em R;

$p_{(x)} : x^2 - 7x + 10 = 0$
$q_{(x)} : x^2 - 6x + 8 = 0$

determinar o conjunto verdade:

a. $V_{(p \vee q)}$
b. $V_{(p \wedge q)}$

12. Sejam as sentenças abertas em R;

$p_{(x)} : 2x - 8 \leq 0$
$q_{(x)} : x - 2 \geq 0$

determinar o conjunto verdade:

a. $V_{(p \rightarrow q)}$
b. $V_{(p \wedge q)}$

13. Sendo o conjunto $\{1, 2, 3, 4, 5\}$ o universo das variáveis x e y determinar o conjunto verdade das seguintes sentenças abertas:

a. $(\exists y)(2x + 3y \leq 10)$
b. $(\forall y)(2x + 3y \leq 20)$
c. $(\forall x)(2x + 3y < 15)$
d. $(\exists x)(2x + 3y < 10)$
e. $(\exists x)(20 < 2x + 3y)$
f. $(\forall x)(8 < 2x + 3y)$

14. Sendo o conjunto $\{1,2,3,4,5,6\}$ o universo das variáveis x e y determinar o valor lógico das proposições:

a. $(\exists x)(\forall y)(\sqrt{x} > y)$
b. $(\exists x)(\exists y)(\sqrt{x} = y)$
c. $(\forall x)(\exists y)(\sqrt{x} < y)$
d. $(\forall x)(\forall y)(\sqrt{x} < y)$
e. $(\exists y)(\exists x)(y = \sqrt{x})$
f. $(\exists x)(\forall y)(y \leq \sqrt{x})$
g. $(\exists x)(\forall y)(x + 2y^2 > 2x + y)$
h. $(\forall x)(\exists y)(x + 2y^2 > 2x + y)$
i. $(\exists x)(\exists y)(x + 2y^2 > 2x + y)$

15. Sendo R o conjunto dos números reais determinar o valor lógico.

a. $(\exists x)(\forall y)(x \cdot y = 0)$
b. $(\forall x)(\forall y)(\exists z)(x \cdot y \cdot z = 1)$
c. $(\forall x)(\forall y)(\exists z)(x \cdot y < z)$
d. $(\forall x)(\forall y)(\exists z)(x + y + z = 0)$

16. Negar os exercícios 25 e 26.

ARGUMENTOS VÁLIDOS COM QUANTIFICADORES

De maneira análoga às utilizadas nos capítulos anteriores, em argumentos não quantificados, o objetivo agora, é provar a validade de argumentos que envolvem sentenças abertas quantificadas ou funções proposicionais.

Basicamente deve-se inicialmente **P**articularizar as funções proposicionais, transformando-as em proposições como vistas e trabalhadas anteriormente, utilizando-se as Equivalências Notáveis e as Regras de Inferência. Finalmente, deve-se **G**eneralizar retornando as proposições em funções proposicionais.

Exemplo:

1. Verifique a validade dos argumentos:

    1. Algumas frutas são flores.
    2. Todas as flores exalam um cheiro doce.
    ∴ Portanto, algumas frutas exalam um cheiro doce.

    1. (∃ x) (Ft(x) ∧ Fl(x))
    2. (∀ x) (Fl(x) → D(x))
    ∴ (∃ x) (Ft(x) ∧ D(x))

1. Ft(a) ∧ Fl(a)	**PE** (1) (**P**articularização **E**xistencial)
2. Fl(a) → D(a)	**PU** (2) (**P**articularização **U**niversal)
3. Ft(a)	S (1)
4. D(a)	MP (2,3)
5. Ft(a) ∧ D(a)	CONJ (3,4)
6. (∃ x) (Ft(x) ∧ D(x)) **GE** (5)	(**G**eneralização **E**xistencial) cqd.

    Portanto, algumas frutas exalam um cheiro doce.

2. Existe um piloto que não é míope. Todos que usam óculos são míopes. Além disso, todo mundo ou usa óculos ou usa lente de contato. Portanto, existe um piloto que usa lentes de contato.

1. (∃ x) (P(x) ∧ ~ M(x))
2. (∀ x) (O(x) → M(x))
3. (∀ x) (O(x) ∨ L(x))
∴ (∃ x) (P(x) ∧ L(x))

1. P(a) ∧ ~ M(a)   PE (1)
2. O(a) → M(a)   PU (2)
3. O(a) ∨ L(a))   PU (3)
4. ~ M(a)   S (1)
5. ~ O(a)   MT (2,4)
6. L(a)   SD (3,5)
7. P(a)   S (1)
8. P(a) ∧ L(a)   CONJ (7,6)
9. (∃ x) (P(x) ∧ L(x))   GE (8) cqd.

Portanto, existe um piloto que usa lentes de contato.

3. Todos que estavam com COVID foram vacinados. Alguns não foram vacinados. Portanto, nem todos estavam com COVID.

1. (∀ x) (C(x) → V(x))
2. (∃ x) (~V(x))
∴ (∃ x) (~C(x))

1. C(a) → V(a)   PU (1)
2. ~V(a)   PE (2)
3. ~C(a)   MT (1,2)
4. (∃ x) (~C(x))   GE (3) cqd.

Portanto, nem todos estavam com COVID.

4. (ANPAD/2007) Todo ladrão é desonesto. Alguns ladrões são punidos. É correto concluir que:

   a. alguns punidos são desonestos.
   b. nenhum ladrão é desonesto.
   c. nenhum punido é ladrão.
   d. todo ladrão é punido.
   e. todo punido é ladrão.

   Solução:

   1. $(\forall x)(L(x) \rightarrow D(x))$
   2. $(\exists x)(L(x) \wedge P(x))$

1. $L(a) \rightarrow D(a)$	PU (1)
2. $L(a) \wedge P(a)$	PE (2)
3. $L(a)$	S (2)
4. $D(a)$	MP (1,3)
5. $P(a)$	S (2)
6. $P(a) \wedge D(a)$	CONJ (5,4)
7. $(\exists x)(P(x) \wedge D(x))$	GE (6)

   Portanto, alternativa (a).

5. Nenhum herói é covarde. Alguns soldados são covardes. É correto concluir que:

   a. Alguns heróis são soldados.
   b. Alguns soldados não são heróis.
   c. Nenhum herói é soldado.
   d. Alguns soldados são heróis.
   e. Nenhum soldado é herói.

Solução:

1. ~((∃ x) (H(x) ∧ C(x)) ⇔ (∀ x) (~H(x) ∨ ~ C(x)) DM
2. (∃ x) (S(x) ∧ C(x))

1. ~H(a) ∨ ~ C(a)	PU (1)
2. S(a) ∧ C(a)	PE (2)
3. C(a)	S (2)
4. ~H(a)	SD (1,3)
5. S(a)	S (2)
6. S(a) ∧ ~H(a)	CONJ (5,4)
7. (∃ x) (S(x) ∧ ~H(x))	GE (6)

Portanto, alternativa (b).

6. (ANPAD – 2004) Se "Alguns profissionais são administradores" e "Todos os administradores são pessoas competentes", então, necessariamente, pode-se inferir que:

a. Algum profissional é uma pessoa competente.

b. Toda pessoa competente é administradora.

c. Todo administrador é profissional.

d. Nenhuma pessoa competente é profissional.

e. Nenhum profissional não é competente.

Solução:

1. (∃ x) (P(x) ∧ A(x))
2. ("x) (A(x) → C(x))

1. P(a) ∧ A(a)	PE (1)
2. A(a) → C(a)	PU (2)
3. A(a)	S (1)
4. C(a)	MT (2,3)

5. P(a)   S (1)
6. P(a) ∧ C(a)   CONJ (5,4)
7. (∃ x) (P(x) ∧ C(x)) GE (6)

Portanto, alternativa (a).

EXERCÍCIOS PROPOSTOS (DIVERSOS CONCURSOS)

28. (PC Pará 2021) Considere a seguinte sentença: "Se consigo ler 10 páginas de um livro a cada dia, então leio um livro em 10 dias". Uma afirmação logicamente equivalente a essa sentença dada é:

  a. "Consigo ler 10 páginas de um livro a cada dia e leio um livro em 10 dias".

  b. "Se consigo ler 10 páginas de um livro a cada dia, então não consigo ler um livro em 10 dias".

  c. "Se não consigo ler um livro em 10 dias, então não consigo ler 10 páginas de um livro a cada dia".

  d. "Consigo ler 10 páginas de um livro a cada dia e não consigo ler um livro em 10 dias".

  e. "Se não leio 10 páginas de um livro a cada dia, então não consigo ler um livro em 10 dias".

29. (TRT-ES – Cespe) Considerando a proposição P: "Se nesse jogo não há juiz, não há jogada fora da lei", julgue os itens A, B e C seguintes, acerca da lógica sentencial.

   a. A negação da proposição P pode ser expressa por "Se nesse jogo há juiz, então há jogada fora da lei".

   b. A proposição P é equivalente a "Se há jogada fora da lei, então nesse jogo há juiz".

   c. A proposição P é equivalente a "Nesse jogo há juiz ou não há jogada fora da lei".

30. (TRT – CESPE) Proposições são frases que podem ser julgadas como verdadeiras — V — ou falsas — F —, mas não como V e F simultaneamente. As proposições simples são aquelas que não contêm nenhuma outra proposição como parte delas. As proposições compostas são construídas a partir de outras proposições, usando-se símbolos lógicos, parênteses e colchetes para que se evitem ambiguidades. As proposições são usualmente simbolizadas por letras maiúsculas do alfabeto: A, B, C etc. Uma proposição composta da forma A ∨ B, chamada disjunção, deve ser lida como "A ou B" e tem o valor lógico F, se A e B são F, e V, nos demais casos. Uma proposição composta da forma A ∧ B, chamada conjunção, deve ser lida como "A e B" e tem valor lógico V, se A e B são V, e F, nos demais casos. Além disso, ¬A, que simboliza a negação da proposição A, é V, se A for F, e F, se A for V.

Avalie as afirmações de A a E em verdadeiro ou falso.

a. Considere que uma proposição Q seja composta apenas das proposições simples A e B e cujos valores lógicos V ocorram somente nos casos apresentados na tabela abaixo.

A	B	C
V	F	V
F	F	V

Nessa situação, uma forma simbólica correta para Q é [A ∧ (¬B)] V [(¬A) ∧ (¬B)].

b. A sequência de frases a seguir contém exatamente duas proposições.

< A sede do TRT/ES localiza-se no município de Cariacica.
< Por que existem juízes substitutos?
< Ele é um advogado talentoso.

c. A proposição "Carlos é juiz e é muito competente" tem como negação a proposição "Carlos não é juiz nem é muito competente".

d. A proposição "A Constituição brasileira é moderna ou precisa ser refeita" será V quando a proposição

"A Constituição brasileira não é moderna nem precisa ser refeita" for F, e vice-versa.

e. Para todos os possíveis valores lógicos atribuídos às proposições simples A e B, a proposição composta [A ∧ (¬B)] V B tem exatamente 3 valores lógicos V e um F.

31. (TRT – CESPE) Considere que cada uma das proposições seguintes tenha valor lógico V.

   I. Tânia estava no escritório ou Jorge foi ao centro da cidade.
   II. Manuel declarou o imposto de renda na data correta e Carla não pagou o condomínio.
   III. Jorge não foi ao centro da cidade.

   A partir dessas proposições, avalie as afirmações a, b e c.
   Considerações iniciais
   Considerando:
   T: Tânia estava no escritório
   J: Jorge foi ao centro da cidade
   M: Manuel declarou o imposto na data correta
   C: Carla pagou condomínio

   a. "Manuel declarou o imposto de renda na data correta e Jorge foi ao centro da cidade" tem valor lógico V.
   b. "Tânia não estava no escritório" tem, obrigatoriamente, valor lógico V.
   c. "Carla pagou o condomínio" tem valor lógico F.

32. (RFB – ESAF) Considere a seguinte proposição: "Se chove ou neva, então o chão fica molhado". Sendo assim, pode-se afirmar que:

   a. Se o chão está molhado, então choveu ou nevou.

   b. Se o chão está molhado, então choveu e nevou.

   c. Se o chão está seco, então choveu ou nevou.

   d. Se o chão está seco, então não choveu ou não nevou.

   e. Se o chão está seco, então não choveu e não nevou.

33. (INSS – CESPE) Proposições são sentenças que podem ser julgadas como verdadeiras ou falsas, mas não admitem ambos os julgamentos. A esse respeito, considere que A represente a proposição simples "É dever do servidor apresentar-se ao trabalho com vestimentas adequadas ao exercício da função", e que B represente a proposição simples "É permitido ao servidor que presta atendimento ao público solicitar dos que o procuram ajuda financeira para realizar o cumprimento de sua missão".
Considerando as proposições A e B acima, julgue os itens subsequentes, com respeito ao Código de Ética Profissional do Servidor Público Civil do Poder Executivo Federal e às regras inerentes ao raciocínio lógico.

   a. Represente-se por ¬A a proposição composta que é a negação da proposição A, isto é, ¬A é falso quando A é verdadeiro e ¬A é verdadeiro quando A é falso. Desse modo, as proposições "Se ¬A então ¬B" e "Se A então B" têm valores lógicos iguais.

b. Sabe-se que uma proposição na forma "Ou A ou B" tem valor lógico falso quando A e B são ambos falsos; nos demais casos, a proposição é verdadeira. Portanto, a proposição composta "Ou A ou B", em que A e B são as proposições referidas acima, é verdadeira.

c. A proposição composta "Se A então B" é necessariamente verdadeira.

34. (FGV/SUDENE/2013) Sabe-se que:

I. se Mauro não é baiano então Jair é cearense.

II. se Jair não é cearense então Angélica é pernambucana.

III. Mauro não é baiano ou Angélica não é pernambucana.

É necessariamente verdade que:

a. Mauro não é baiano.

b. Angélica não é pernambucana.

c. Jair não é cearense.

d. Angélica é pernambucana.

e. Jair é cearense.

35. (FGV/SUDENE/2013) Não é verdade que "Se o Brasil não acaba com a saúva então a saúva acaba com o Brasil".
Logo, é necessariamente verdade que:

a. "O Brasil não acaba com a saúva e a saúva não acaba com o Brasil."

b. "O Brasil acaba com a saúva e a saúva não acaba com o Brasil."

c. "O Brasil acaba com a saúva e a saúva acaba com o Brasil."

d. "O Brasil não acaba com a saúva ou a saúva não acaba com o Brasil."

e. "O Brasil não acaba com a saúva ou a saúva acaba com o Brasil."

36. Assinale a alternativa que apresenta a NEGAÇÃO lógica da proposição: "Os 50 primeiros serão atendidos hoje e os demais devem retornar amanhã".

a. Os 50 primeiros não serão atendidos hoje ou os demais não devem retornar amanhã.

b. Os 50 primeiros não serão atendidos hoje e os demais não devem retornar amanhã.

c. Os 50 primeiros serão atendidos hoje ou os demais devem retornar amanhã.

d. Os 50 primeiros não serão atendidos hoje e os demais devem retornar amanhã.

e. Os 50 primeiros serão atendidos hoje ou os demais não devem retornar amanhã.

37. Qual das proposições abaixo é logicamente equivalente à proposição: "Se precisamos ser fortes então vamos nos preparar melhor"?

a. Se vamos nos preparar melhor então precisamos ser fortes.

b. Se não vamos nos preparar melhor então precisamos ser fortes.

c. Se não vamos nos preparar melhor então não precisamos ser fortes.

d. Se não precisamos ser fortes então não vamos nos preparar melhor.

e. Se precisamos ser fortes então não vamos nos preparar melhor.

38. (Itaipu Binacional 2006 - FEPESE) Considere o seguinte argumento lógico:

I. Se Paula nadar, então ela ficará exausta.

II. Se Paula não nadar, então ela pode ficar presa na ilha.

III. Se chover na ilha, Paula ficará com frio.

IV. Paula não ficou presa na ilha.

Com base nesse argumento, pode-se concluir que:

a. Paula ficou exausta.

b. Paula não ficou exausta.

c. Paula não nadou.

d. Paula ficou com frio.

e. Paula não ficou exausta nem nadou.

39. Se adotássemos como verdadeiro que TODO NÚMERO PRIMO É UM NÚMERO ÍMPAR, poder-se-ia inferir como verdadeiro que:

   a. se um número não é primo, então ele não é ímpar.
   b. se um número não é ímpar, então não é primo.
   c. é necessário que um número seja primo para ser ímpar.
   d. todo número ímpar é número primo.
   e. é suficiente que um número seja ímpar para que ele seja primo.

40. (Almirante Tamandaré/2015/UFPR) Denotando por ~p a negação da proposição p, qual é a negação lógica da proposição lógica $p \rightarrow q$?

   a. $p \vee \sim q$.
   b. $p \wedge \sim q$.
   c. $\sim p \vee q$.
   d. $p \wedge q$.
   e. $\sim p \wedge q$.

41. (Almirante Tamandaré/2015/UFPR) Qual das proposições abaixo NÃO é uma tautologia?

   a. $(p \rightarrow q) \wedge \sim q \Rightarrow \sim p$.
   b. $(p \vee q) \wedge \sim p \Rightarrow q$.
   c. $(p \rightarrow q) \wedge p \Rightarrow q$.
   d. $p \Rightarrow p \vee q$.
   e. $p \vee q \Rightarrow q$.

42. (FUNDATEC - 2022 - Prefeitura de Viamão - RS) Considerando que as sentenças simples "Rosa é professora" e "Márcia é advogada" são falsas, podemos afirmar que a sentença composta verdadeira é a que está indicada na alternativa:

Alternativas

a. Rosa é professora ou Márcia é advogada.
b. Se Rosa é professora, então Márcia é advogada.
c. Rosa é professora e Márcia é advogada.
d. Se Rosa não é professora, então Márcia é advogada.
e. Rosa é professora se, e somente se, Márcia não é advogada.

43. (FUNDATEC - 2022 - Prefeitura de Viamão - RS) Sabendo que é verdadeira a proposição "Patrícia é professora e gosta de matemática", podemos dizer que é falso que:

a. Patrícia gosta de matemática ou é professora.
b. Se Patrícia é professora, então gosta de matemática.
c. Patrícia não é professora ou não gosta de matemática.
d. Patrícia não é professora se, e somente se, não gosta de matemática.
e. Se Patrícia não é professora, então gosta de matemática.

44. (FUNDATEC - 2022 - Prefeitura de Viamão - RS) A proposição composta que representa uma contradição é a que está indicada na alternativa:

   a. (~p ∧ q) → ~p.
   b. (p ∧ q) → ~p.
   c. (~p ∧ q) ∨ p.
   d. ~((p ∧ q) → p).
   e. ~(p ∧ q) → ~p.

45. (FUNDATEC - 2022 - Prefeitura de Viamão - RS) A proposição composta condicional "Se Marcos gosta de correr, então ele vai participar de uma maratona" é logicamente equivalente à sentença:

   a. Marcos não gosta de correr ou ele vai participar de uma maratona.
   b. Marcos gosta de correr e ele vai participar de uma maratona.
   c. Marcos não gosta de correr e ele não vai participar de uma maratona.
   d. Marcos não gosta de correr se, e somente se, ele vai participar de uma maratona.
   e. Se Marcos não gosta de correr, então ele não vai participar de uma maratona.

46. (FUNDATEC - 2022 - Prefeitura de Viamão - RS) Considerando que a proposição composta "Jorge é professor ou é advogado" é falsa, podemos

afirmar que a proposição verdadeira está indicada na alternativa:

a. Jorge é professor e não é advogado.

b. Jorge não é professor e é advogado.

c. Se Jorge é professor, então não é advogado.

d. Se Jorge não é professor, então é advogado.

e. Jorge é professor se, e somente se, não é advogado.

47. (FUNDATEC – 2022) Prefeitura de Viamão - RS) A proposição composta que representa uma contingência é a que está indicada na alternativa:

a. ~((p ∧ ~p) ↔ (q ∧ ~q))

b. ~p ∨ q ↔ (p → q)

c. p ∧ q) → p

d. ((p ∧ q) → p)

e. (~p ∧ q) ∨ ~p

48. (VUNESP - 2022 - PC-SP) Considere N, P, Q, R e T afirmações simples para as afirmações compostas apresentadas a seguir. Considere também o valor lógico atribuído a cada uma das afirmações compostas.

I. Se N, então P. Esta é uma afirmação FALSA.

II. Se Q, então R. Esta é uma afirmação FALSA.

III. Se P, então T. Esta é uma afirmação VERDADEIRA.

A partir dessas informações, é correto concluir que:

a. N e R é uma afirmação VERDADEIRA.
b. Se R, então N é uma afirmação FALSA.
c. Se Q, então T é uma afirmação FALSA.
d. Q ou T é uma afirmação VERDADEIRA.
e. P e Q é uma afirmação VERDADEIRA.

49. (UNESP - 2022 - PC-SP) Considere as afirmações:
   I. Se Ana é delegada, então Bruno é escrivão.
   II. Se Carlos é investigador, então Bruno não é escrivão.
   III. Se Denise é papiloscopista, então Eliane é perita criminal.
   IV. Se Eliane é perita criminal, então Carlos é investigador.
   V. Denise é papiloscopista.

   A partir dessas afirmações, é correto concluir que:
   a. Bruno é escrivão ou Eliane não é perita criminal.
   b. Se Denise é papiloscopista, então Ana é delegada.
   c. Carlos não é investigador e Ana é delegada.
   d. Ana não é delegada ou Bruno é escrivão.
   e. Eliane não é perita criminal e Carlos é investigador.

50. (VUNESP - 2022 - PC-SP) A partir das afirmações:
   'Todo estudioso tem muito conhecimento'
   'Algumas pessoas que têm muito conhecimento são geniais'

a. É correto concluir que:
b. qualquer estudioso é genial.
c. nenhum genial tem muito conhecimento.
d. todos que tem muito conhecimento são estudiosos.
e. algum genial tem muito conhecimento.
f. todo genial é estudioso.

51. (FUNDATEC - 2022 - Prefeitura de Viamão - RS) Considerando que a sentença simples "Marcelo gosta de correr" é falsa e a sentença simples "Ângela gosta de fotografia" é verdadeira, podemos afirmar que a sentença composta verdadeira é a que está indicada na alternativa:
    a. Marcelo gosta de correr e Ângela gosta de fotografia.
    b. Se Marcelo gosta de correr, então Ângela gosta de fotografia.
    c. Marcelo gosta de correr e Ângela não gosta de fotografia.
    d. Marcelo gosta de correr ou Ângela não gosta de fotografia.
    e. Marcelo gosta de correr, se e somente se, Ângela gosta de fotografia.

52. (FUNDATEC - 2022 - AGERGS) Sabendo que "Existe algum estudante que não gosta de geografia" é uma sentença logicamente falsa, podemos afirmar que é verdade que:

a. Todos os estudantes gostam de geografia.

b. Existe algum estudante que gosta de geografia.

c. Existe alguém que estuda geografia.

d. Nenhum estudante gosta de geografia.

e. Existe alguém que gosta de geografia.

53. (FUNDATEC - 2022 - AGERGS) Considere as proposições fechadas abaixo indicadas:

    P: 2 + 2 = 4   Q: 3 + 5 = 7

    Assim, é possível dizer que a proposição fechada verdadeira é a indicada na alternativa:

    a. $\sim P \land Q$

    b. $P \rightarrow Q$

    c. $\sim P \rightarrow \sim Q$

    d. $P \leftrightarrow Q$

    e. $\sim P \leftrightarrow \sim Q$

54. (FUNDATEC - 2022 - AGERGS) A sentença abaixo que NÃO é um exemplo de proposição é a indicada na alternativa:

    a. Paris é a capital da França.

    b. 5 é um número primo.

    c. A Lua é uma estrela.

    d. Feche a porta do carro.

    e. 2+2 = 4.

55. (FUNDATEC - 2022 - AGERGS) Sabendo que a proposição composta "Mário é auxiliar técnico ou Jair é técnico em informática" é falsa, é possível afirmar que é verdadeira a proposição:

a. Mário é auxiliar técnico.

b. Jair é técnico em informática.

c. Mário não é auxiliar técnico e Jair é técnico em informática.

d. Se Mário não é auxiliar técnico, então Jair não é técnico em informática.

e. Mário não é auxiliar técnico se, e somente se, Jair é técnico em informática.

56. (FUNDATEC - 2022 - Prefeitura de Restinga Sêca - RS) Supondo que são verdadeiras as seguintes afirmações:

I. Existem advogados que são professores de literatura.

II. Todo professor de literatura gosta de ler.

É possível deduzir, logicamente que:

a. Todo advogado gosta de literatura.

b. Existe advogado que gosta de ler.

c. Todos que gostam de ler são professores de literatura.

d. Todos que são professores de literatura são advogados.

e. Nenhum advogado gosta de ler.

57. (FUNDATEC - 2022 - Prefeitura de Restinga Sêca - RS) Considere as afirmações que envolvem os quantificadores e, que o universo da variável x é o conjunto dos números reais:

I. $\forall x \in \mathbb{R}, x^2 > 0$

II. $\exists x \in \mathbb{R}, x^2 + 1 = 0$

III. $\exists x \in \mathbb{R}, 4x + 5 < 0$

Em relação às afirmações, é possível dizer que:

a. Todas são verdadeiras.
b. Todas são falsas.
c. Apenas I é verdadeira.
d. Apenas II é verdadeira.
e. Apenas III é verdadeira.

58. (F-PA - 2022 - IF-PA) Em uma questão da prova de Matemática, o professor escreve a seguinte proposição composta: "u → (~r v s)" e afirma possuir o valor lógico falso. Diante dessa informação, os alunos deveriam analisar os itens:

I. k → (u v s)   II. u ↔ r   III. ~s ↔ k   IV. r → u

Assinale a alternativa que apresenta os itens que os alunos conseguiram identificar com valor lógico verdadeiro.

a. I e II
b. II e III
c. I e III
d. I, II e IV

59. (VUNESP - 2022 - AL-SP) Considere a afirmação: "Se Francisco é o diretor ou Ivete é a secretária, então Helena é a presidente."
Essa afirmação é necessariamente FALSA se, de fato:

a. Francisco é o diretor.
b. Francisco é o diretor e Ivete é a secretária e Helena é a presidente.
c. Francisco não é o diretor e Ivete não é a secretária e Helena é a presidente.
d. Ivete não é a secretária e Helena é a presidente.
e. Ivete é a secretária e Helena não é a presidente.

60. (FUNDATEC - 2022 - Prefeitura de Restinga Sêca - RS) Dadas as afirmações:

I. Todos os professores da escola de Jorge possuem formação superior.
II. Márcia é professora na escola de Jorge.

Supondo que as afirmações são verdadeiras, é possível afirmar que:

a. Existe algum professor da escola de Jorge que não possui formação superior.
b. Márcia é professora de Jorge.
c. Márcia possui formação superior.
d. Márcia não possui formação superior.
e. Márcia não é professora na escola de Jorge.

61. (FGV - 2022 - Prefeitura de Manaus - AM) Considere a afirmação:
"Se o acusado estava no hospital então não é culpado".
É correto concluir que:

   a. se o acusado não estava no hospital então é culpado.

   b. se o acusado é culpado então não estava no hospital.

   c. se o acusado não é culpado então não estava no hospital.

   d. o acusado estava no hospital e é culpado.

   e. o acusado não é culpado e não estava no hospital.

62. (IBFC - 2022 - EBSERH) De acordo com o raciocínio lógico proposicional, a negação da frase "O candidato chegou atrasado e não conseguiu fazer a prova", pode ser descrita como:

   a. O candidato não chegou atrasado e conseguiu fazer a prova.

   b. O candidato chegou atrasado ou não conseguiu fazer a prova.

   c. O candidato não chegou atrasado ou conseguiu fazer a prova.

   d. O candidato não chegou atrasado ou não conseguiu fazer a prova.

   e. Se o candidato não chegou atrasado, então conseguiu fazer a prova.

63. (FAUEL - 2022 - Prefeitura de Apucarana - PR) "Se Amanda fica em casa, então ela prepara um chá de camomila." Assinale a alternativa CORRETA.

    a. Se Amanda sair de casa, então ela prepara um chá de camomila.
    b. Se Amanda sair de casa, então ela não prepara um chá de camomila.
    c. Se Amanda não prepara um chá de camomila, então ela não ficou em casa.
    d. Se Amanda não prepara um chá de camomila, então ela ficou em casa.
    e. Amanda só toma chá de camomila quando ela fica em casa.

64. (FGV - 2022 - SEFAZ-BA) Considere a afirmação: "*À noite, todos os gatos são pretos.*"

    Se essa frase é ***falsa***, é correto concluir que:

    a. De dia, todos os gatos são pretos.
    b. À noite, todos os gatos são brancos
    c. De dia há gatos que não são pretos.
    d. À noite há, pelo menos, um gato que não é preto.
    e. À noite nenhum gato é preto.

65. (CESPE / CEBRASPE – 2022) Considere os conectivos lógicos usuais e assuma que as letras maiúsculas P, Q e R representam proposições lógicas; considere

também as primeiras três colunas da tabela-verdade da proposição lógica (P ∧ Q) ∨ R, conforme a seguir.

P	Q	R
V	V	V
V	V	F
V	F	V
V	F	F
F	V	V
F	V	F
F	F	V
F	F	F

A partir dessas informações, infere-se que a última coluna da tabela-verdade, correspondente a (P ∧ Q) ∨ R, apresenta valores V ou F, de cima para baixo, na seguinte sequência:

a. V F V F F V V F.

b. V V F F V V V F.

c. V V F V F V F V.

d. V V V F V F V F.

e. V V V V V F F F.

66. (FUNDATEC - 2021 - CEASA-RS) Supondo que a afirmação: "Todos os engenheiros são programadores" tem valor-lógico falso, a alternativa logicamente verdadeira é:

a. Nenhum engenheiro é programador.

b. Nenhum programador é engenheiro.

c. Qualquer engenheiro não é programador.

d. Algum programador não é engenheiro.

e. Pelo menos um engenheiro não é programador.

67. (FUNDATEC - 2021 - CEASA-RS) A negação da sentença: "A fruta é amarela e o tubérculo é branco" é equivalente a sentença da alternativa:

    a. A fruta não é amarela e o tubérculo não é branco.

    b. A fruta não é amarela ou o tubérculo não é branco.

    c. A fruta não é amarela e o tubérculo é branco.

    d. A fruta é amarela ou o tubérculo não é branco.

    e. A fruta é amarela ou o tubérculo é branco.

68. (Instituto Access – 2022 - Prefeitura de Ouro Branco - MG) Considere duas proposições simples q e p, uma sentença composta φ e a seguinte tabela-verdade:

q	p	φ
V	V	V
F	V	F
V	F	V
F	F	V

    Considere agora as seguintes afirmações simbólicas dos membros de uma família:
    Mãe: $\varphi = \neg q \rightarrow \neg p$
    Pai: $\varphi = \neg p \rightarrow q$
    Filho caçula: $\varphi = (\neg p \wedge q) \vee q$

Filho primogênito: $\varphi = \neg p \wedge (p \vee \neg q)$
Aquele(a) que fez a afirmação correta é:

a. a mãe.
b. o pai.
c. o filho caçula.
d. o filho primogênito.

69. (Instituto Access - 2022 - Prefeitura de Ouro Branco - MG) Dentre as proposições a seguir, assinale a que é classificada como composta.

a. "José gosta de comer cenoura."
b. "José trabalha e estuda."
c. "Josué é muito inteligente."
d. "Juca estuda no Rio do Janeiro."

70. (Instituto Access - 2022 - Prefeitura de Ouro Branco - MG) Dentre as proposições abaixo, assinale aquela que é classificada como simples.

a. "Amo minha mãe Maria de Fátima."
b. "Mateus é filho do Beto ou do Golias."
c. "Marina gosta de Batata e Cenoura."
d. "Jussara é educada, não sai de casa sem escovar os dentes."

71. (Instituto Access - 2022 - Prefeitura de Ouro Branco - MG) Considere as proposições:
p: — Vou estudar.
q: — Não estou de folga do trabalho.
r: — Estou bem de saúde.
Nesse caso, "se estou de folga do trabalho ou estou bem de saúde, então eu vou estudar".

Assinale a opção que represente corretamente a proposição acima.

a. $(q \vee r) \rightarrow \neg p$
b. $(\neg q \vee r) \rightarrow p$
c. $(q \wedge r) \rightarrow p$
d. $(\neg q \wedge r) \rightarrow p$

72. (IBFC - 2022 - MGS) Considerando o conectivo lógico bicondicional entre duas proposições, é correto afirmar que seu valor lógico é verdade se:

a. somente as duas proposições tiverem valores lógicos falsos.
b. somente as duas proposições tiverem valores lógicos verdadeiros.
c. uma proposição tiver valor lógico falso e outra proposição tiver valor lógico verdadeiro.
d. as duas proposições tiverem valores lógicos iguais.

73. **(IBFC - 2022 - MG)** Sabe-se que o valor de lógico de uma proposição A é verdade e o valor lógico de uma proposição B é falso, então é correto afirmar que:

    a. o valor lógico da disjunção entre A e B é verdade.
    b. o valor lógico da conjunção entre A e B é verdade.
    c. o valor lógico de A condicional B é verdade.
    d. o valor lógico do bicondicional entre A e B é verdade.

74. **(IBFC - 2022 - INDEA-MT)** Sabendo que o valor lógico de uma proposição simples p é falso e que o valor lógico de uma proposição simples q é verdade, então é correto afirmar que o valor lógico de:

    a. p conjunção q é verdade.
    b. p disjunção q é falso.
    c. p bicondicional q é verdade.
    d. p condicional q, nessa ordem, é verdade.

CAPÍTULO 10

INTERRUPTORES

O matemático Claude Shannon em 1938, percebeu a relação entre a lógica proposicional e a lógica de circuitos, compreendendo que a Álgebra de Boole (assunto a ser estudado nos próximos capítulos) poderia ter um papel fundamental na sistematização do novo ramo da eletrônica.

De maneira análoga à construção de tabelas verdades, substituindo V por 1 e F por 0, pode-se chamar de interruptor ao dispositivo ligado a um ponto de um circuito elétrico que poderá assumir um dos dois estados: Fechado (1), Aberto (0). Portanto, trata-se de um Sistema Dicotômico, como visto no capítulo 1.

Quando fechado o interruptor permite que a corrente passe através do ponto enquanto aberto nenhuma corrente pode passar pelo ponto.

Representação:

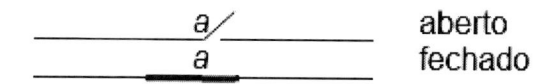

```
_____a/_____     aberto
_____a_____     fechado
```

Genericamente será representado da seguinte maneira:

$$\text{———} \ a \ \text{———}$$

Com esta representação só é possível conhecer o estado do interruptor com a indicação de que $a = 1$ (fechado) ou $a = 0$ (aberto).

Um interruptor aberto quando a está fechado e fechado quando a está aberto chama-se complemento (inverso ou negação) de a e denota-se por a'.

A ligação paralela, que também é conhecida como circuito paralelo, é um **circuito composto somente por componentes elétricos ou eletrônicos ligados em paralelo, ou seja, estão ligados de maneira que seria possível encontrar mais de um caminho para a passagem da corrente elétrica.**

Sejam dados os interruptores a e b ligados em paralelo. Neste tipo de ligação, só passará corrente se pelo menos um dos interruptores estiver fechado. Denota-se a ligação de dois interruptores a e b em paralelo por a + b.

Uma ligação de interruptores em série, é aquele cujos **componentes estão ligados de maneira que permitem um só caminho para a passagem da corrente elétrica.**

Sejam dados os interruptores a e b ligados em série. Numa ligação em série só passará corrente se ambos os interruptores estiverem fechados. Denota-se a ligação de dois interruptores a e b em série por a . b.

Série

——— a ——— b ———   ⇔   ——— a.b ———

Portanto, analisando-se os estados possíveis de serem assumidos pelos interruptores nas ligações em série e em paralelo pode-se resumir na tabela a seguir, algumas propriedades que serão aprofundadas nos capítulos seguintes, principalmente na Álgebra Booleana.

PARALELO	SÉRIE
0 + 0 = 0	0 . 0 = 0
0 + 1 = 1	0 . 1 = 0
1 + 0 = 1	1 . 0 = 0
1 + 1 = 1	1 . 1 = 1
a + b = b + a	a . b = b . a
a + a' = 1	a . a' = 0
a + 0 = a	a . 0 = 0
a + 1 = 1	a . 1 = a

As Portas Lógicas relacionadas abaixo, representam os conectivos **OU** que será substituído por **+**, **E** que será substituído por **.** e **Negação** que será substituído por ´, da mesma forma que foi visto no assunto Tabelas Verdade e da mesma forma que será visto na Álgebra Booleana.

ou x1 ⟶ ⟩ x1 + x2
x2 ⟶

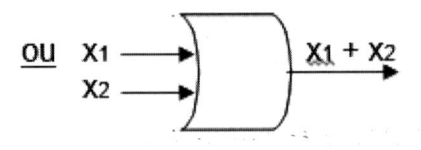

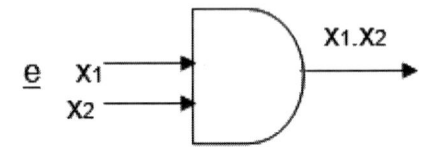

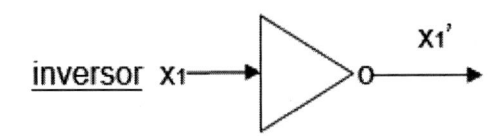

e x1 ⟶ ⟩ x1.x2
x2 ⟶

inversor x1 ⟶ ▷o⟶ x1'

x1	x2	x1 + x2 x1 ∨ x2
1	1	1
1	0	1
0	1	1
0	0	0

x1	x2	x1 . x2 x1 ∧ x2
1	1	1
1	0	0
0	1	0
0	0	0

x1	x1'
1	0
0	1

Exemplos:
Qual a expressão algébrica dos circuitos abaixo?

1.

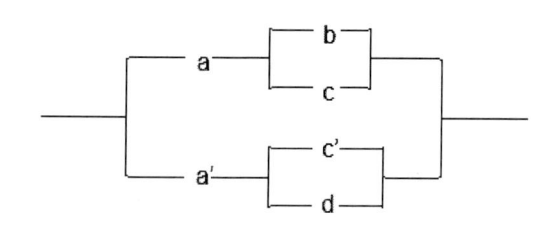

a . (b + c) + a' . (c' + d)

2.

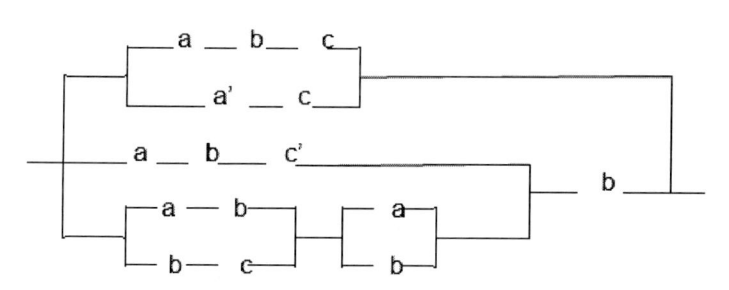

a . b . c + a'. c + (a . b . c' + (a . b + b . c) . (a + b)) . b

3. Qual é o circuito correspondente à expressão dada?

a . (b'. (d + c) + c . d) + (b + a') . (c . d' + d)

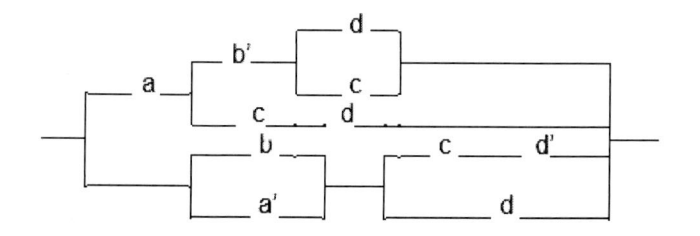

EXERCÍCIOS PROPOSTOS

1. Qual a expressão algébrica dos circuitos abaixo?

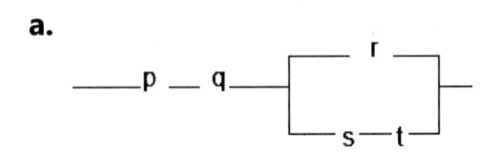

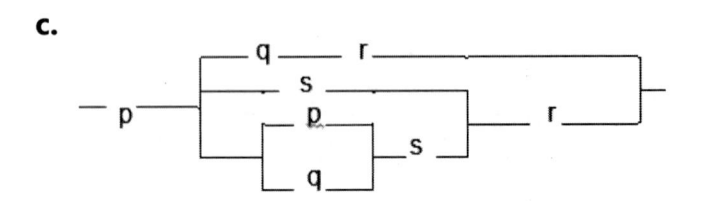

a. $p \cdot q \cdot (r + s \cdot t)$

b. $p \cdot (q + r) \cdot s$

c. $p \cdot [(q \cdot r) + s + (p \cdot (s + q))] \cdot r$

d. $[(p + q) \cdot (q + r) \cdot (r + t)] + [(p' + q') \cdot t \cdot (q' + r)]$

e.

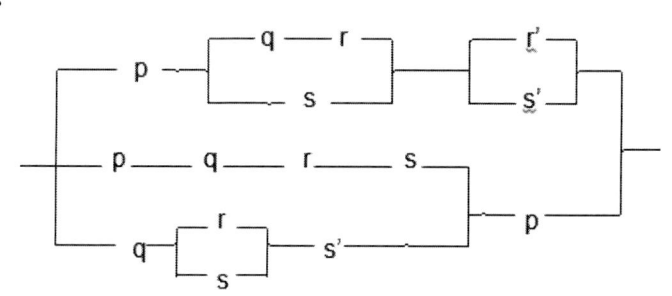

f.

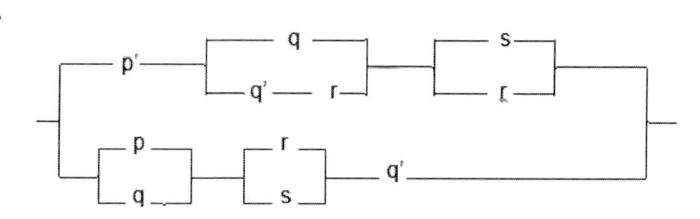

2. Qual é o circuito correspondente à expressão dada?

  a. p + (q'. r'. s')
  b. p + q + r + s
  c. (p . q) + (p' . r)
  d. (p'. q) + (p . q')
  e. (p + q) . (p' + q')
  f. (p + q) . (p + q' +r')

CAPÍTULO 11

CONJUNTOS

Noção intuitiva: é uma reunião de elementos que possuem algo em comum. Estes elementos podem ser pessoas, números, animais etc., por exemplo.

Representação: é usual o emprego de letra maiúscula para representar conjunto e minúscula para representar os elementos desse conjunto. Pode ser analiticamente ou graficamente, conforme abaixo:

Exemplo:
A = {a,e,i,o,u}

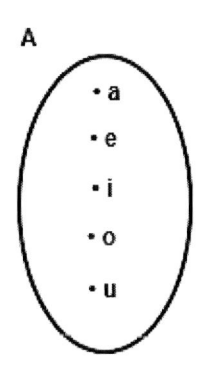

Relação de pertinência : ∈

Seja o conjunto A = {a,e,i,o,u}.

a ∈ A "diz-se que a pertence ao conjunto A".
b ∉ A diz-se que b não pertence ao conjunto A".

Sejam os conjuntos A = {a,e,i,o,u} e B ={a,e}.

B ⊂ A "diz-se que B está contido em A"
A ⊃ B "diz-se que A contém B"

Sejam os conjuntos:

A = {1,2,3,4}

B = {3,4,5}

C = {5,6}

1. **Interseção**
   A ∩ B = {3,4}
   B ∩ C = {5} conjunto unitário.
   A ∩ C = ∅ ou { } conjunto vazio.

2. **União**
   A ∪ B = {1,2,3,4,5}
   A ∪ C = {1,2,3,4,5,6}

3. **Diferença**
   A - B = {1,2}
   B - A = {5}

   Representação Gráfica

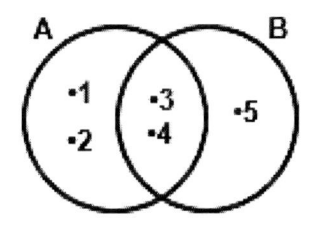

   [Diagrama de Venn: A contém •1, •2; interseção contém •3, •4; B contém •5]

   Identifique as operações realizadas nos diagramas abaixo:

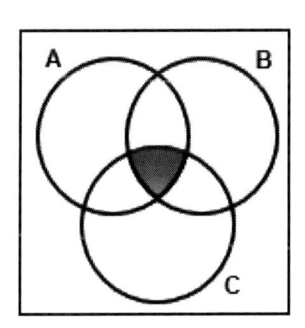

1.
   [Diagrama de Venn com três conjuntos A, B e C, com a interseção dos três destacada]

   A ∩ B ∩ C

2.

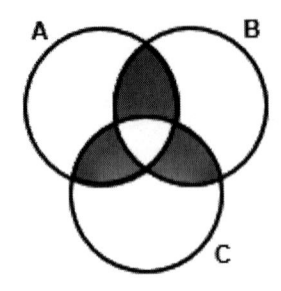

$$[(A \cap B) - C] \cup [(B \cap C) - A] \cup [(A \cap C) - B]$$

$$[(A \cap C) \cup (B \cap C) \cup (A \cap B)] - (A \cap B \cap C)$$

Substituindo-se A ∩ B por A + B sendo o conjunto de todos os pontos que pertencem só ao conjunto A ou só ao conjunto B ou a ambos.

Substituindo-se A ∩ B por A . B sendo o conjunto de pontos comuns a ambos, isto é, que pertencem a A e B.

Seja A' o conjunto de todos os pontos do espaço considerado que não pertencem a A. Dizemos que A' é o complemento de A.

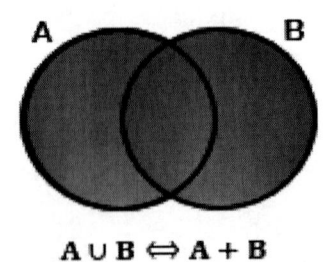

A ∪ B ⇔ A + B

$A \cap B \Leftrightarrow A \cdot B$

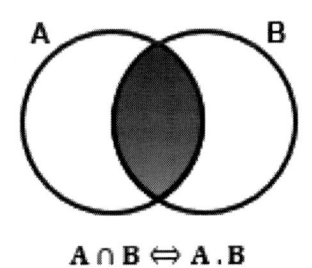

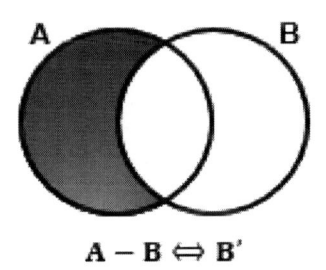

$A - B \Leftrightarrow B'$

Exemplos:

1. Qual a expressão da região em evidência?

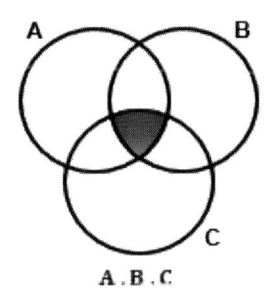

$A \cdot B \cdot C$

2.

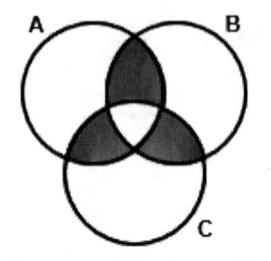

$A.B.C' + A'.B.C + A.B'.C$

3.

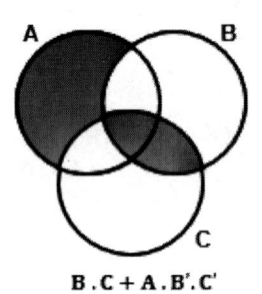

$B.C + A.B'.C'$

4.

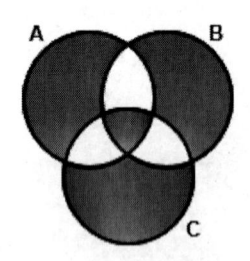

$A.B'.C' + A'.B.C' + A'.B'.C + A.B.C$

5. Mostrar mediante diagrama que : A + B . C = (A + B) . (A + C)

Obs.: Verifique nos capítulos anteriores a relação de Equivalência Notável. Trata-se da Equivalência que foi chamada de Distribuição.

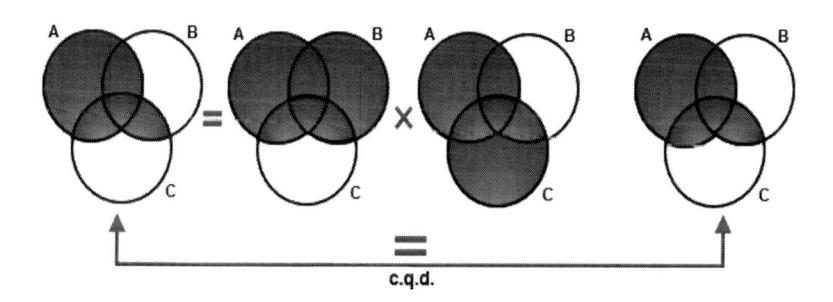

c.q.d.

EXERCÍCIOS PROPOSTOS

1. Qual a expressão da região em evidência? Utilize + , . , '

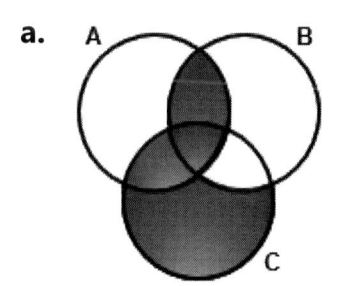

a.

b.

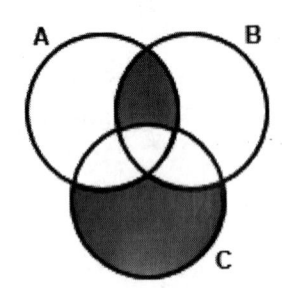

c.

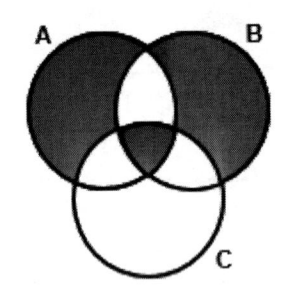

Desenhar os diagramas:

a. A . B' + A' . B
b. A . B' + B . C' + A . B . C
c. (A' . B . C + A . B' . C) . C

ESTUDO E APLICAÇÃO DOS CONECTIVOS

1. conectivo "e" – identifica a operação de $\cap$ dos conjuntos.

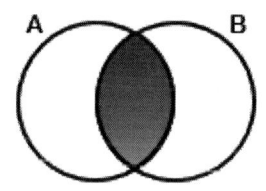

2. conectivo "ou inclusivo" (e/ou) – identifica a operação de $\cup$ dos conjuntos.

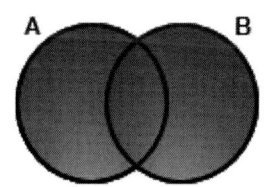

3. conectivo "ou exclusivo" – identifica a operação de diferença entre conjuntos.

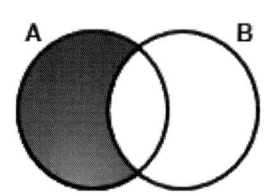

Exemplo:

1. Uma prova de matemática com três questões foi resolvida pelos alunos segundo a tabela abaixo:

Questões tipo	nº de alunos
A	15
B	15
C	12
A e B	6
A e C	8
B e C	7
A, B e C	5
Nenhuma	3

Pergunta-se:

a. quantos alunos fizeram a prova? R. 29

b. quantos alunos resolveram A e B? R. 6

c. quantos alunos resolveram somente A e B? R. 1

d. quantos alunos não resolveram A e C? R. 21

e. quantos alunos resolveram A ou C inclusive? R. 19

f. quantos alunos resolveram B ou C exclusive? R. 8

g. quantos alunos resolveram A? R. 15

h. quantos alunos resolveram somente A? R. 6

i. quantos alunos resolveram somente 2 questões? R. 6

j. quantos alunos resolveram pelo menos 2 questões? R. 11

Resolução:

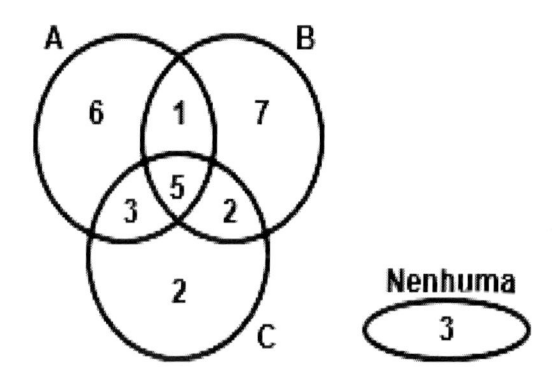

A: 6, 1, 7
Centro: 5
3, 2
C: 2

Nenhuma: 3

a. É a soma de todos os elementos: 6 + 1 + 5 + 3 + 7 + 2 + 2 + 3 = 29
b. É a soma da parte comum entre A e B: 1+5 = 6
c. É a soma da parte comum entre A e B menos C: 1
d. É o total menos os que resolveram A e C: 29 - 3 - 5 = 21
e. É a soma de A com C: 6 + 1 + 5 + 3 + 2 + 2 = 19
f. É a diferença entre B e C: 1+7 = 8
g. É a soma de A: 6+1+5+3 = 15
h. É o conjunto A menos B menos C: 6
i. É a soma da parte comum entre A e B, A e C, B e C menos aqueles que resolveram 3 questões: 1+2+3 = 6
j. É a soma da parte comum entre A e B, A e C, B e C: 1+2+3+5 = 11

EXERCÍCIOS PROPOSTOS

1. Numa comunidade são consumidos 3 produtos. Feita uma pesquisa de mercado sobre o consumo destes produtos foram colhidos os resultados: 100 pessoas consomem o produto A, 150 pessoas consomem o produto B, 200 pessoas consomem o produto C, 20 pessoas consomem os produtos A e B, 40 pessoas consomem os produtos B e C, 30 pessoas consomem os produtos A e C, 10 pessoas consomem os produtos A, B e C e 130 pessoas não consomem nenhum dos 3 produtos.

    Pergunta-se:

    a. quantas pessoas consomem somente 2 produtos?
    b. quantas pessoas não consomem A ou B inclusive?
    c. quantas pessoas consomem pelo menos 2 produtos?
    d. quantas pessoas foram consultadas?
    e. quantas pessoas consomem A e C?
    f. quantas pessoas consomem somente A e C?
    g. quantas pessoas não consomem A?
    h. quantas pessoas consomem somente A?
    i. quantas pessoas não consomem B e C?
    j. quantas pessoas consomem somente 1 produto?
    k. quantas pessoas consomem A ou B exclusive?

2. Numa pesquisa sobre a preferência de 3 produtos foram colhidos os resultados apresentados na tabela abaixo:

Produtos	Nº de pessoas
A	5
B	3
C	3
A e B	1
A e C	2
B e C	3
A, B e C	1
Nenhuma	2

Pergunta-se:

a. quantas pessoas preferem o produto B?
b. quantas pessoas preferem somente o produto B?
c. quantas pessoas preferem somente A e B?
d. quantas pessoas preferem no mínimo 2 produtos?
e. quantas pessoas preferem somente 1 produto?
f. quantas pessoas não preferem A ou C inclusive?
g. quantas pessoas não preferem A ou B exclusive?
h. quantas pessoas não preferem A e C?
i. quantas pessoas não preferem somente B e C?
j. quantas pessoas foram consultadas?

CAPÍTULO 12

INTRODUÇÃO À ÁLGEBRA DE BOOLE

Sistemas Algébricos

O matemático inglês George Boole, em torno de 1850, desenvolveu um ramo da matemática que forma os fundamentos para a eletrônica de computadores nos dias atuais. Na época, havia sido ridicularizado pela sua inutilidade, pois seu interesse estava nas regras "algébricas" para o raciocínio lógico, semelhantes às regras algébricas para o raciocínio numérico.

Chama-se Álgebra Abstrata ou Sistema Algébrico a um conjunto não vazio munido de um ou mais operadores binários sobre ele definidos. Denotando por B o conjunto e por + e . (mais e vezes) os operadores definidos sobre B pode-se ter:

(B, +) ou (B, .) que são álgebras com um operador ou uma operação e (B, +, .) que é uma álgebra com dois operadores ou duas operações.

Álgebra de Boole

Diz-se que o sistema algébrico (B, +, .) é uma álgebra de Boole quando e somente quando $\forall$ a, b, c $\in$ B, estão definidas duas operações binárias, + e . e uma operação unária, ', e que contém dois elementos distintos, 0 e 1, valem os axiomas:

> A1. a + b $\in$ B
> A2. a . b $\in$ B
> A3. a + b = b + a
> A4. a . b = b . a
> A5. a + (b . c) = (a + b) . (a + c)
> A6. a . (b + c) = (a . b) + (a . c)
> A7. $\exists$ 0 $\in$ B / $\forall$ a $\in$ B , a + 0 = 0 + a = a
> A8. $\exists$ 1 $\in$ B / $\forall$ a $\in$ B , a . 1 = 1 . a = a
> A9. $\forall$ a $\in$ B , $\exists$ a' $\in$ B / a + a' = 1 e a . a' = 0

AXIOMAS

Axiomas são verdades inquestionáveis universalmente válidas, muitas vezes utilizadas como princípios na construção de uma teoria ou como base para uma argumentação. A palavra axioma deriva da grega *axíos* cujo significado é digno ou válido. Em muitos contextos, axioma é sinônimo de postulado, lei ou princípio.

Esta álgebra é conhecida como álgebra dos interruptores. É o fundamento matemático da análise e projeto dos circuitos de interruptores que compõem os sistemas digitais.

TEOREMAS

Teorema 1: Princípio da Dualidade

Todo resultado dedutível dos axiomas de uma Álgebra de Boole permanece válido se nele permutarmos + por . e 0 por 1 e vice-versa.

Exemplo 1

$x + y' = 1$
dual $\to x \cdot y' = 0$

Teorema 2: $a + a = a$; $a \cdot a = a$ $\quad \forall\, a \in B$

Prova:
$(a + a) \cdot 1$	A8
$(a + a) \cdot (a + a')$	A9
$a + (a \cdot a')$	A5
$a + 0$	A9
a	A7

dual:
$a \cdot a + 0$	A7
$a \cdot a + a \cdot a'$	A9
$a \cdot (a + a')$	A6
$a \cdot 1$	A9
a	A8

Teorema 3: a + 1 = 1 ; a . 0 = 0 $\forall$ a $\in$ B

(a + 1) . 1	A8
(a + 1) . (a + a')	A9
a + (1 . a')	A5
a + a'	A8
1	A9
dual:	
a . 0 + 0	A7
a . 0 + a . a'	A9
a . (0 + a')	A6
a . a'	A7
0	A9

Teorema 4: (Lei da Absorção) a + (a . b) = a ; a . (a + b) = a $\forall$ a, b $\in$ B

a + (a . b)
a . 1 + a . b
a . (1 + b)
a . 1
a
dual:
a . (a + b)
(a + 0) . (a + b)
a + (0 . b)
a + 0

Teorema 5: a + (a' . b) = a + b $\forall$ a, b $\in$ B

a + (a' . b)
(a + a') . (a + b)
1 . (a + b)
a + b

Teorema 6: $a \cdot b + a \cdot b' = a \quad \forall\, a, b \in B$

$a \cdot b + a \cdot b'$
$a \cdot (b + b')$
$a \cdot 1$
a

Teorema 7: $a \cdot b + a' \cdot c + b \cdot c = a \cdot b + a' \cdot c \quad \forall\, a, b, c \in B$

$a \cdot b + a' \cdot c + b \cdot c \cdot (a + a')$
$a \cdot b + a' \cdot c + a \cdot b \cdot c + a' \cdot b \cdot c$
$a \cdot b \cdot (1 + c) + a' \cdot c \cdot (1 + b)$
$a \cdot b + a' \cdot c$

Teorema 8 (Leis de Morgan): $(a \cdot b)' = a' + b'$
$(a + b)' = a' \cdot b' \quad \forall\, a, b \in B$

$(a' + b') + (a \cdot b)\quad = (a'+b'+a) \cdot (a'+b'+b)$
$\qquad\qquad\qquad\quad\; = (1 + b') \cdot (1 + a')$
$\qquad\qquad\qquad\quad\; = 1 \cdot 1$
$\qquad\qquad\qquad\quad\; = 1$
$(a' + b') \cdot (a \cdot b)\quad = (a' \cdot a \cdot b) + (b' \cdot a \cdot b)$
$\qquad\qquad\qquad\quad\; = 0 + 0$
$\qquad\qquad\qquad\quad\; = 0$

Conclui-se portanto, que $(a'+b')$ é o complemento de $(a \cdot b)$, isto é:
$(a \cdot b)' = a' + b'$ e
$(a+b)' = a' \cdot b'$

Teorema 9: (a + b) . (a' + c) . (b + c) = a . c + a' . b
∀ a, b, c ∈ **B**

(a . a' + a . c + a' . b + b . c) . (b + c)
~~aa'b~~ + ~~aa'c~~ + abc + acc + a'bb + a'bc + bbc + bcc
abc + ac + a'b + a'bc + bc
ac (b + 1) + a'b (1 + c) + bc
ac + a'b + bc (a + a')
ac + a'b + abc + a'bc
ac (1 + b) + a'b (1 + c)
ac + a'b

Associando-se as expressões algébricas aos circuitos, temos:

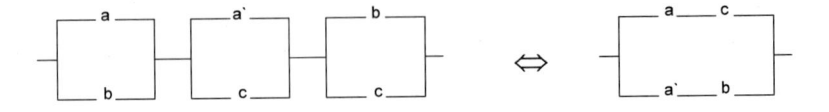

Pode-se concluir então, que os circuitos são equivalentes.

EXERCÍCIOS

Simplifique algebricamente os circuitos abaixo.

1.

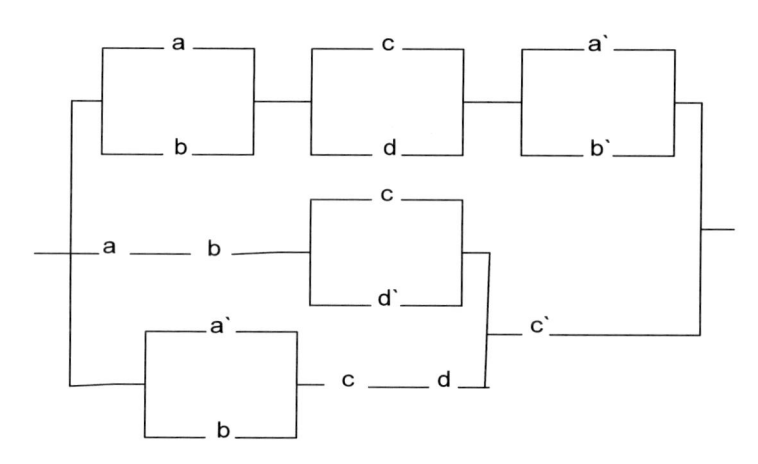

(a + b).(c + d).(a' + b') + (ab.(c + d') + (a' + b).cd).c'
(ac + ad + bc + bd).(a' + b') + (abc + abd' + a'cd + bcd).c'
ab'c + ab'd + a'bc + a'bd + abc'd'
ab' (c + d) + a'b (c + d) + abc'd'
(c + d).(ab'+a'b) + abc'd'

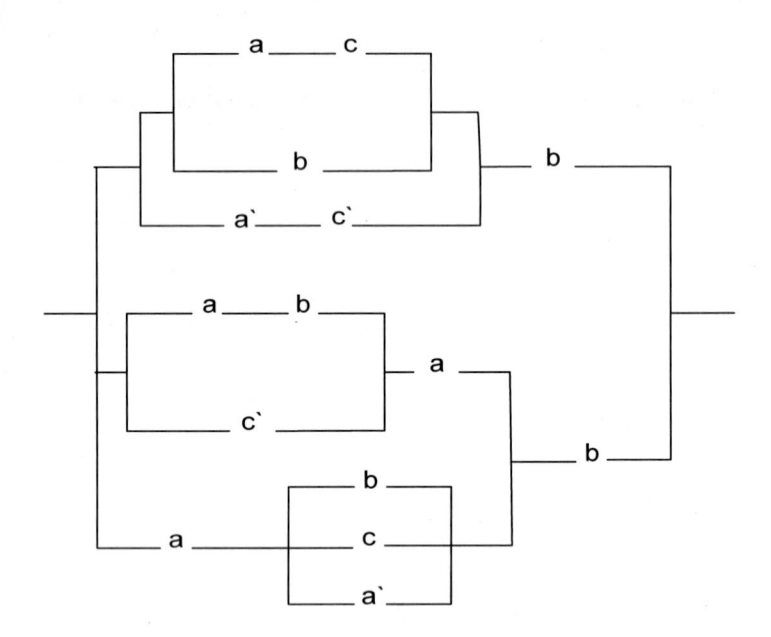

2.

(ac + b + a'c') b + ((ab + c') a + a (b + c + a')) b
abc + b + a'bc' + (ab + ac' + ab + ac) b
abc + b + a'bc' + ab + abc'
b (ac + 1 + a'c' + a + ac')
b
Este circuito é equivalente a

—— b ——

3.

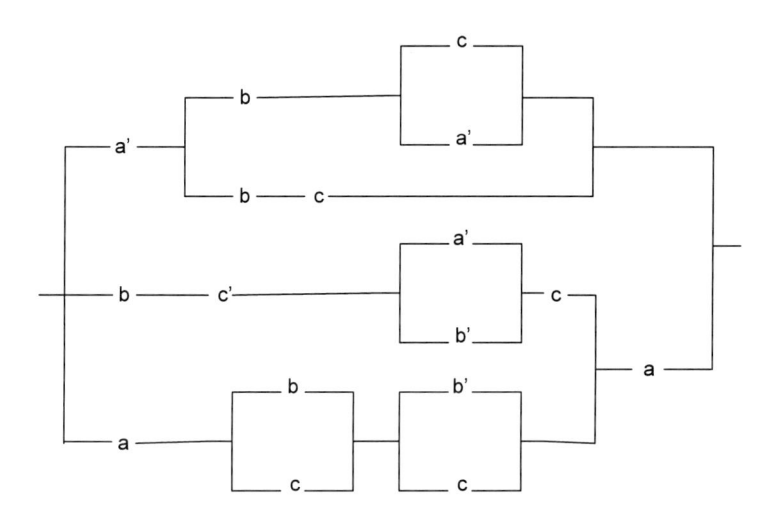

a'(b (c + a') + bc) + (bc' (a' + b') c + a (b + c) (b' + c)) a
a'bc + a'b + ((ab + ac) (b' + c)) a
a'bc + a'b + abc + ab'c
a'b (c + 1) + ac (b + b')
a'b + ac
é equivalente a

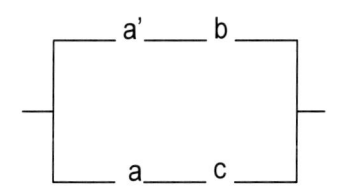

EXERCÍCIOS PROPOSTOS

1. Simplifique algebricamente o circuito abaixo.

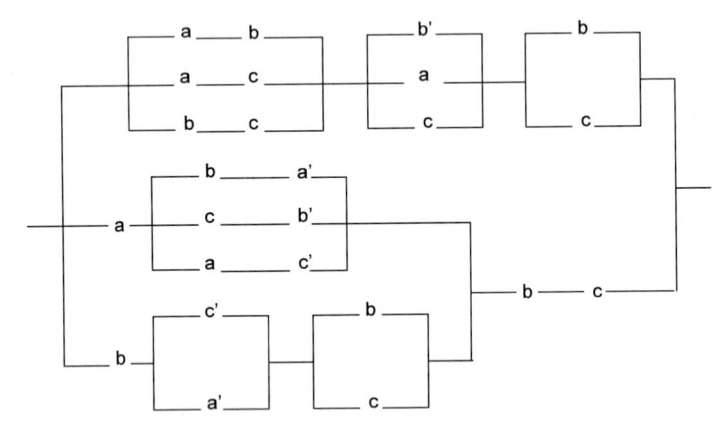

2. Mostre que xy' + x'y + xz' + x'z = xy' + yz' + x'z

3. Simplifique algebricamente o circuito a seguir:

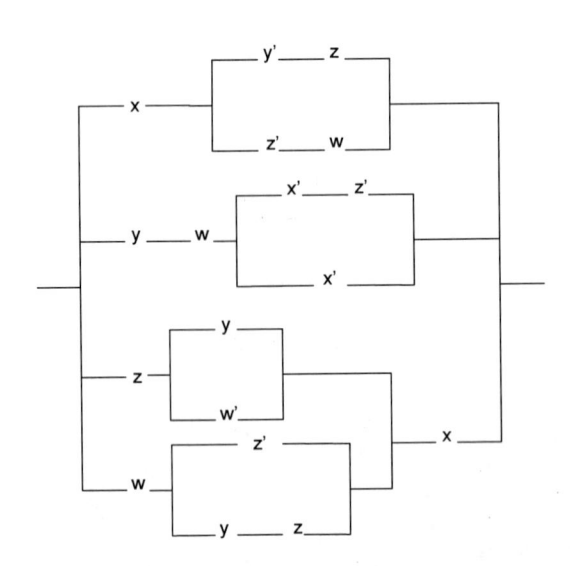

4. Simplifique algebricamente o circuito a seguir:

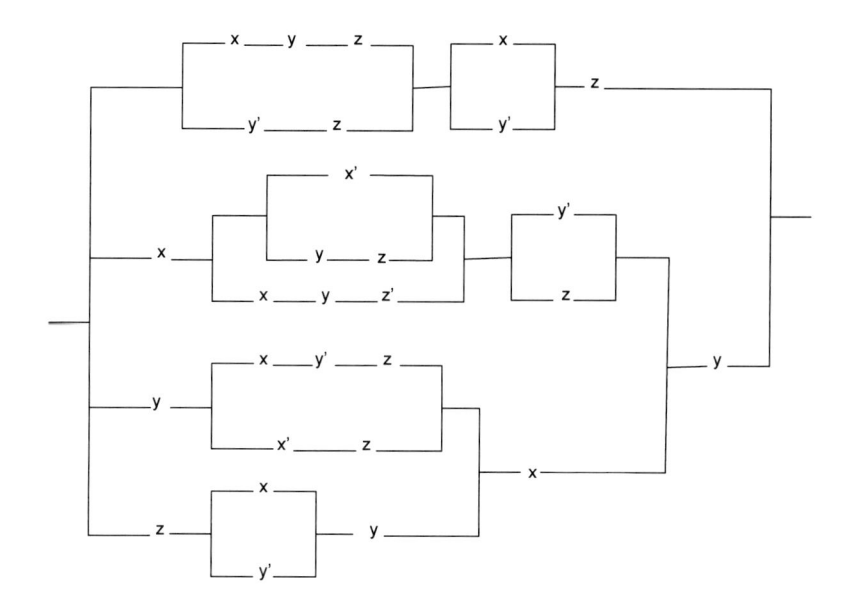

FUNÇÕES BOOLEANAS

> **Definição: Função Booleana**
> Uma função booleana é uma função f que $f:\{0,1\}^n \to \{0,1\}$ para algum inteiro $n \geq 1$. A notação $\{0,1\}^n$ representa o conjunto de todas as n-uplas de 0s e 1s. Uma função booleana, então, associa um valor 0 ou 1 a cada uma dessas n-uplas.

Exemplos de Funções Booleanas:

1. A tabela verdade para a operação booleana + descreve uma função booleana f com n = 2. O domínio de f é:

   {(1,1), (1,0), (0,1), (0,0)} e
   f(1,1) = 1
   f(1,0) = 1
   f(0,1) = 1
   f(0,0) = 0

2. A tabela verdade para a operação booleana . descreve uma função booleana f com n = 2. O domínio de f é:

   {(1,1), (1,0), (0,1), (0,0)} e
   f(1,1) = 1
   f(1,0) = 0
   f(0,1) = 0
   f(0,0) = 0

3. A tabela verdade para a operação booleana ' descreve uma função booleana f com n = 1. O domínio de f é:

{(1), (0)} e
f(1) = 0
f(0) = 1

PROPRIEDADES

1ª. Se para quaisquer valores de $x_1, x_2, ..., x_n$; $f(x_1, x_2, ..., x_n) = a$; $a \in B$, então f é uma função booleana. É a <u>função constante</u>.

2ª. Se para quaisquer valores de $x_1, x_2, ..., x_n$; $f(x_1, x_2, ..., x_n) = x_i$ para algum i (i = 1,2,...,n) então f é uma função booleana. É a <u>função projeção</u>.

3ª. Se f é uma função booleana, então g definida por $g(x_1, x_2, ..., x_n) = (\overline{f(x_1, x_2, ..., x_n)})$ para todos $x_1, x_2, ..., x_n$ é uma função booleana.

4ª. Se f e g são funções booleanas, então h e k definidas por:

$h(x_1, x_2, ..., x_n) = f(x_1, x_2, ..., x_n) + g(x_1, x_2, ..., x_n)$ e

$k(x_1, x_2, ..., x_n) = f(x_1, x_2, ..., x_n) \cdot g(x_1, x_2, ..., x_n)$
para todos os $x_1, x_2, ..., x_n$ são funções booleanas.

5ª. Qualquer função construída por um número finito de aplicações das regras anteriores e somente tal função é booleana.

Chama-se constante booleana em B a qualquer elemento de uma álgebra de Boole B. Chama-se variável booleana em B ao símbolo que pode representar qualquer dos elementos de uma álgebra de Boole B.

Exemplos:

1. $f(x) = ax + bx'$
2. $f(x,y) = axy' + bx'y' + cxy$

Representação da função booleana na forma padrão:

$f(x) = f(1) x + f(0) x'$
$f(x,y) = f(1,1) xy + f(1,0) xy' + f(0,1) x'y + f(0,0) x'y'$

Forma padrão – uma variável booleana pode ser expressa tanto na forma verdadeira quanto na forma complementada. Na forma padrão, a função booleana conterá todas as variáveis na forma verdadeira ou na forma complementada.

Teorema

Se f é uma função booleana de uma variável então para todos os valores de x teremos:

$f(x) = f(1) x + f(0) x'$

Demonstração:

1º Caso
f é uma função constante $f(x) = a$
$f(1) x + f(0) x'$
$ax + ax'$

a (x + x')
a . 1
a

2º Caso
f é a função identidade
f (x) = x
f (1) x + f (0) x'
1x + 0x'
x

3º Caso
Suponhamos que o teorema vale para f e g e seja **h (x) = f (x) + g (x)**
h (x) = f (1) x + f (0) x' + g (1) x + g (0) x'
h (x) = (f (1) + g (1)) x + (f (0) + g (0)) x'
h (x) = h (1) x + h (0) x'

4º Caso

Suponhamos que o teorema vale para f e g e seja **k (x) = f (x) . g (x)**
k (x) = (f (1) x + f (0) x') . (g (1) x + g (0) x')
k (x) = f (1) g (1) xx + ~~f (1) g (0) xx' + f (0) g (1) x'x~~ + f (0) g (0) x'x'
k (x) = f (1) g (1) x + f (0) g (0) x'
k (x) = k (1) x + k (0) x'

5º Caso

Suponhamos que o teorema vale para f e seja **g (x) = (f (x))'**
g (x) = (f (1)x + f (0)x')'
g (x) = (f (1)x)' . (f (0)x')' De Morgan
g (x) = (f (1)' + x') . (f (0)' + x'') De Morgan
chamando (f (1))' = a; e (f (0))' = b
g (x) = (a + x') . (b + x)
g (x) = ab + ax + bx' + ~~xx'~~
g (x) = ab (x + x') + ax + bx'
g (x) = abx + abx' + ax + bx'
g (x) = ax (b + 1) + bx' (a + 1)
g (x) = ax + bx'
g (x) = (f (1))' x + (f (0))' x'
g (x) = g (1)x + g (0)x'

Estabelecemos, portanto, uma forma padrão para uma função booleana de uma variável.

Analogamente para uma função de duas variáveis teríamos a forma padrão:

f (x,y) = f (1,1) xy + f (1,0) xy' + f (0,1) x'y + f (0,0) x'y'

Generalizando:

Uma função booleana de n variáveis $f(x_1, x_2, ..., x_n) = \Sigma f(\alpha 1, \alpha 2, ..., \alpha_n) x_1^{\alpha 1} \cdot x_2^{\alpha 2} \cdot ... \cdot x_n^{\alpha n}$ onde α_i assume os valores 0 e 1, e $x_i^{\alpha i}$ é interpretado como x_i ou x'_i, conforme α_1 tem valor 1 ou 0.

Exemplos:

1. Suponhamos que B é uma álgebra de Boole sobre o conjunto {0, a, a', b, b', c, c', 1} e seja f uma função booleana tal que:

f (0,0,0) = f (1,0,0) = a
f (0,0,1) = f (0,1,0) = b
f (0,1,1) = 1
f (1,0,1) = f (1,1,0) = c'
f (1,1,1) = 0

determinar f (a,c,b') = ?
f (x,y,z) = f (1,1,1) xyz + f (1,1,0) xyz' + f (1,0,1) xy'z + f (1,0,0) xy'z' + f (0,1,1) x'yz + f (0,1,0) x'yz' + f (0,0,1) x'y'z + f (0,0,0) x'y'z'
f (a,c,b') = 0. acb' + c'acb + c'ac'b' + aac'b + 1. a'cb' + ba'cb + ba'c'b' + aa'c'b
f (a,c,b') = ab'c' + abc' + a'b'c + a'bc
f (a,c,b') = ac' (b' + b) + a'c (b' + b)
f (a,c,b') = ac' + a'c

2. Suponhamos que B é uma álgebra de Boole sobre o conjunto {0, a, a', b, b', c, c', 1} e seja f uma função booleana tal que:

f (0,0,1) = a
f (0,1,0) = b'
f (0,0,0) = 0
f (1,1,1) = f (1,0,1) = c'
f (1,1,0) = a'
f (1,0,0) = f (0,1,1) = 1

determinar f (b,a'c') = ?
f (x,y,z) = f (1,1,1) xyz + f (1,1,0) xyz' + f (1,0,1) xy'z + f (1,0,0) xy'z' + f (0,1,1) x'yz + f (0,1,0) x'yz' + f (0,0,1) x'y'z + f (0,0,0) x'y'z'
f (b,a',c') = c'ba'c' + a'ba'c + c'bac' + 1 bac + 1 b'a'c' + b'b'a'c + ab'ac' + 0 b'ac
f (b,a',c') = a'bc' + a'bc + abc' + abc + a'b'c' + a'b'c + ab'c'
f (b,a',c') = a' (bc' + bc + b'c' + b'c) + a (bc' + bc + b'c')
f (b,a',c') = a' (b (c' + c) + b' (c' + c)) + a (b (c' + c) + b'c')
f (b,a',c') = a' (b + b') + a (b + b'c')

f (b,a',c') = (a' + a) (a' + b) + ab'c' obs.: a' + a(b + b'c') = (a'+a)(a'+b)+ab'c'
f (b,a',c') = a' + b + ab'c'
f (b,a',c') = (a' + a) (a' + b'c') + b
f (b,a',c') = a' + b'c' + b
f (b,a',c') = a' + (b + b') (c' + b)
f (b,a',c') = a' + c' + b
f (b,a',c') = a' + b + c'

3. Suponhamos que B é uma álgebra de Boole sobre o conjunto {0, a, a', b, b', 1} e seja f uma função booleana tal que:

f (1,1) = 1
f (1,0) = f (0,1) = a
f (0,0) = b'

determinar f (b',a') = ?
f (x,y) = f (1,1) xy + f (1,0) xy' + f (0,1) x'y + f (0,0) x'y'
f (b',a') = 1 b'a' + ab'a + aba' + b'ba
f (b',a') = a'b' + ab'
f (b',a') = b' (a' + a)
f (b',a') = b'

Representação das Funções Booleanas

1. Diagrama de Venn ou Circuitos de Euler

Ex.: f (x,y,z) = x'y'z' + x'y'z + x'yz + x'yz'

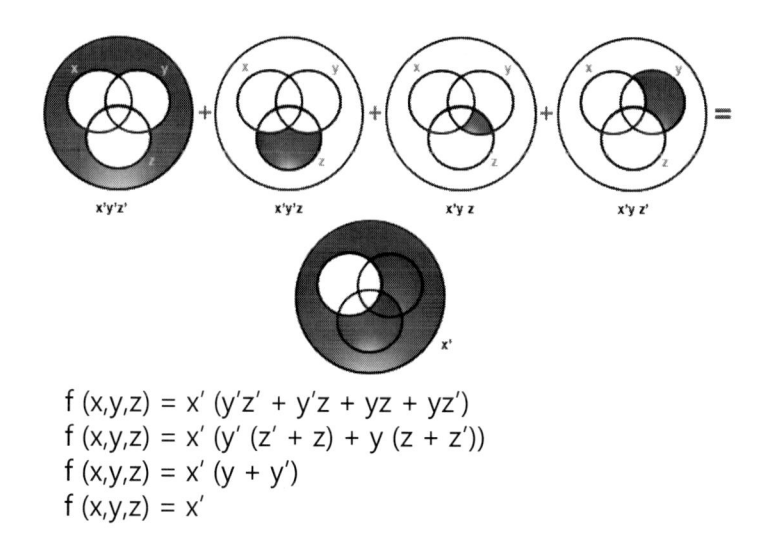

f (x,y,z) = x' (y'z' + y'z + yz + yz')
f (x,y,z) = x' (y' (z' + z) + y (z + z'))
f (x,y,z) = x' (y + y')
f (x,y,z) = x'

2. Tabela Verdade

x	y	z	f (x,y,z)
1	1	1	0
1	1	0	0
1	0	1	0
1	0	0	0
0	1	1	1
0	1	0	1
0	0	1	1
0	0	0	1

3. Representação Geométrica

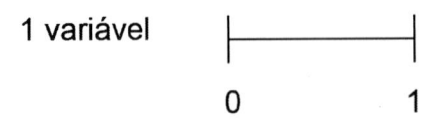

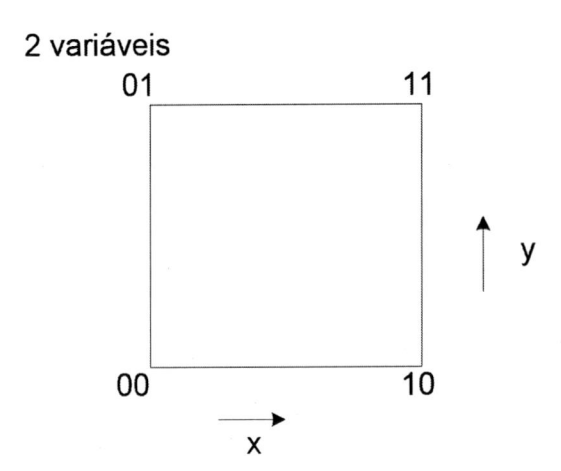

1 variável

|———————|
0   1

2 variáveis

01 ——————— 11
| |
| | ↑ y
| |
00 ——————— 10
        → x

3 variáveis

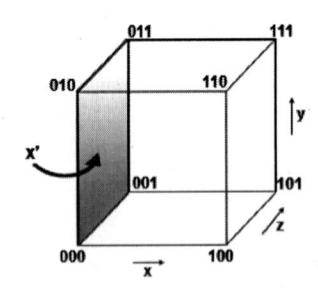

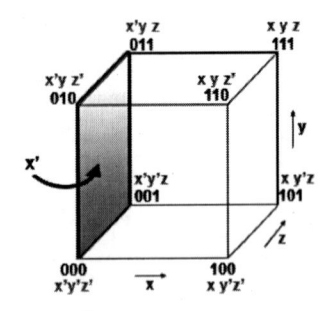

EXERCÍCIOS

1. Dada a função booleana abaixo na forma geométrica representá-la através da tabela verdade, círculos de Euler, forma algébrica, forma simplificada e circuitos.

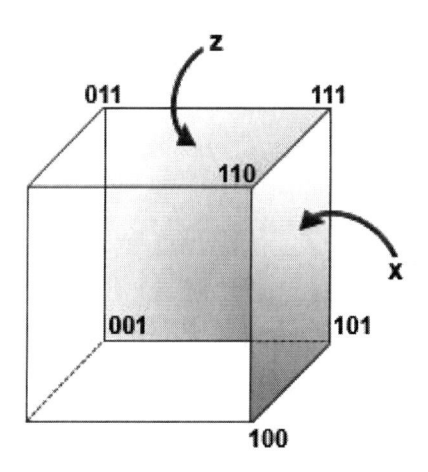

f (x,y,z) = x + z

a. Forma Padrão (Algébrica)

f (x,y,z) = 111 + 110 + 101 + 100 + 011 + 001
f (x,y,z) = xyz + xyz' + xy'z + xy'z' + x'yz + x'y'z

b. Círculos de Euler

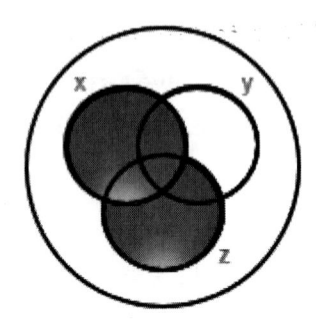

c. Tabela Verdade

X	Y	Z	F (x,y,z)
1	1	1	1
1	1	0	1
1	0	1	1
1	0	0	1
0	1	1	1
0	1	0	0
0	0	1	1
0	0	0	0

d. Circuito

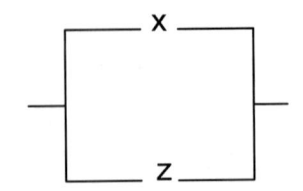

e. Simplificação

f (x,y,z) = xyz + xyz' + xy'z + xy'z' + x'yz + x'y'z
f (x,y,z) = x (yz + yz' + y'z + y'z') + x'z (y + y')
f (x,y,z) = x (y (z + z') + y'(z + z')) + x'z
f (x,y,z) = x + x'z
f (x,y,z) = (x + x') . (x + z)
f (x,y,z) = x + z

2. Dada a função booleana abaixo na forma de tabela verdade pede-se as demais representações.

X	Y	Z	F (x,y,z)
1	1	1	0
1	1	0	0
1	0	1	1
1	0	0	1
0	1	1	1
0	1	0	1
0	0	1	1
0	0	0	1

f (x,y,z) = 101 + 100 + 011 + 010 + 001 + 000
f (x,y,z) = xy'z + xy'z' + x'yz + x'yz' + x'y'z + x'y'z'

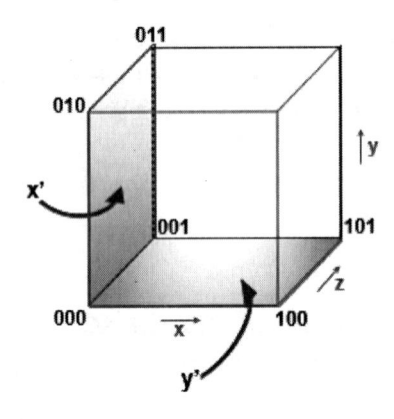

$f(x,y,z) = x' + y'$

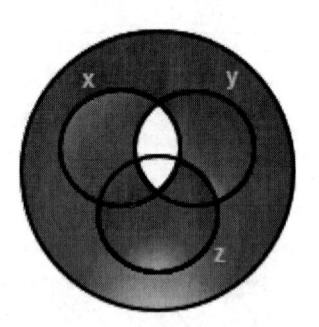

$f(x,y,z) = xy'z + xy'z' + x'yz + x'yz' + x'y'z + x'y'z'$
$f(x,y,z) = x'(yz + yz' + y'z + y'z') + y(xz + xz')$
$f(x,y,z) = x'(y(z + z') + y'(z + z')) + y'(x(z + z'))$
$f(x,y,z) = x' + xy'$
$f(x,y,z) = (x' + x) \cdot (x' + y')$
$f(x,y,z) = x' + y'$

```
      ┌─── x' ───┐
     ─┤          ├─
      └─── y' ───┘
```

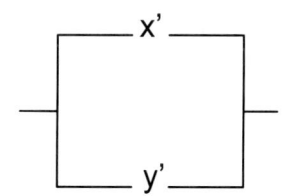

3. Dada a função booleana abaixo na forma de circuito pede-se as demais representações.

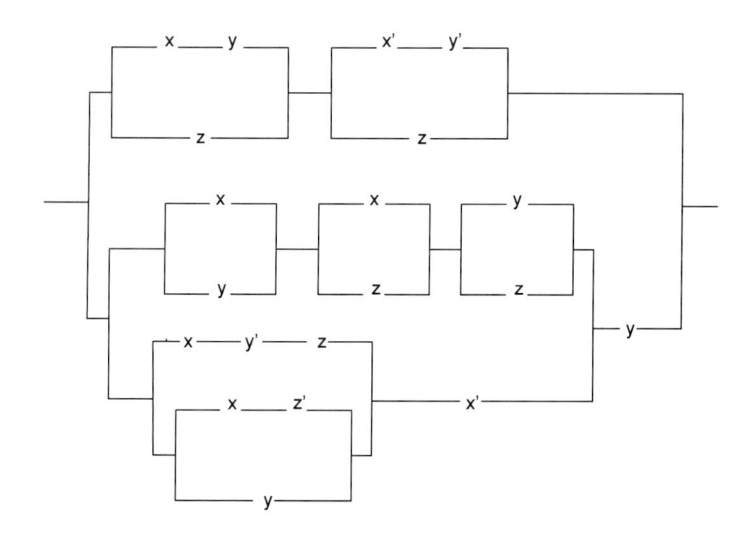

```
       ┌─ x ── y ─┐    ┌─ x' ── y' ─┐
      ─┤          ├────┤            ├─
       └─── z ────┘    └──── z ─────┘

       ┌── x ──┐  ┌── x ──┐  ┌── y ──┐
      ─┤       ├──┤       ├──┤       ├─── y ─
       └── y ──┘  └── z ──┘  └── z ──┘

       ┌─ x ── y' ── z ─┐
       │                │
       │    ┌─ x ── z' ─┤── x' ─
       │    │           │
       │    └──── y ────┘
```

$f(x,y,z) = (xy + z)(x'y' + z) + ((x + y)(x + z)(y + z) + (xy'z + xz' + y)x')y$

$f(x,y,z) = xyz + x'y'z + z + ((x + xz + xy + yz)(y + z) + x'y)y$

$f(x,y,z) = xyz + x'y'z + z + (xy + xz + xyz + yz + x'y)y$

$f(x,y,z) = xyz + x'y'z + z + xy + yz + x'y$

$f(x,y,z) = xyz + x'y'z + z(x + x') + xy(z + z') + yz(x + x') + x'y(z + z')$

$f(x,y,z) = xyz + x'y'z + xz + x'z + xyz' + x'yz + x'yz'$

$f(x,y,z) = xyz + x'y'z + xz(y + y') + x'z(y + y') + xyz' + x'yz + x'yz'$

f (x,y,z) = xyz + x'y'z + xy'z + xyz' + x'yz + x'yz'
f (x,y,z) = 111 + 001 + 101 + 110 + 011 + 010

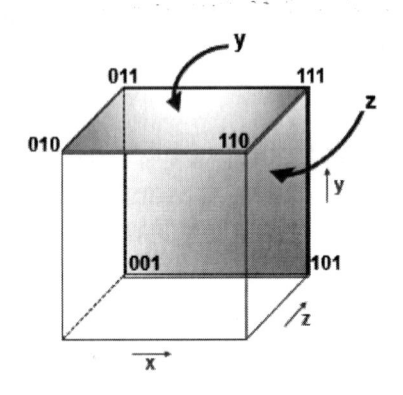

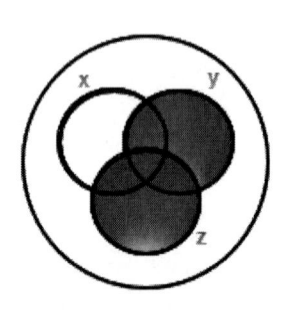

x	y	z	f (x,y,z)
1	1	1	1
1	1	0	1
1	0	1	1
1	0	0	0
0	1	1	1
0	1	0	1
0	0	1	1
0	0	0	0

f (x,y,z) = xyz + x'y'z + xy'z + xyz' + x'yz + x'yz'
f (x,y,z) = y (xz + xz' + x'z + x'z') + y'z (x + x')
f (x,y,z) = y (x (z + z') + x' (z + z')) + y'z
f (x,y,z) = y + y'z
f (x,y,z) = (y + y') (y + z)
f (x,y,z) = y + z

4. Dada a função booleana abaixo na forma de círculos de Euler pede-se as demais representações.

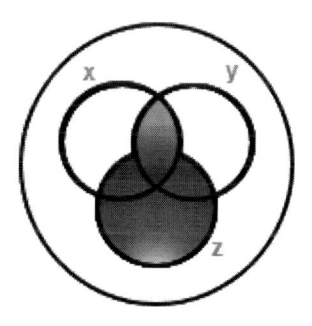

xy + z

x	y	z	f (x,y,z)
1	1	1	1
1	1	0	1
1	0	1	1
1	0	0	0
0	1	1	1
0	1	0	0
0	0	1	1
0	0	0	0

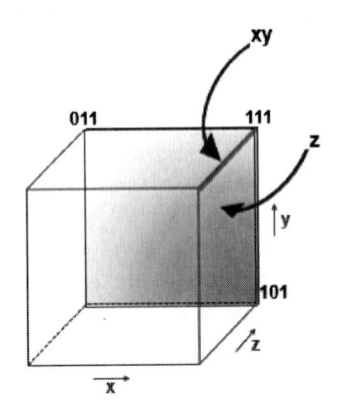

f (x,y,z) = xy + z
f (x,y,z) = xy (z + z') + z (x + x')
f (x,y,z) = xyz + xyz' + xz + x'z
f (x,y,z) = xyz + xyz' + xz (y + y') + x'z (y + y')
f (x,y,z) = xyz + xyz' + xy'z + x'yz + x'y'z
f (x,y,z) = 111 + 110 + 101 + 011 + 001

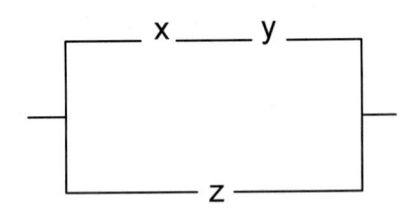

EXERCÍCIOS PROPOSTOS

1. Suponhamos que B é uma álgebra de Boole sobre o conjunto {0, x, x', y, y', z, z', 1} e seja f uma função booleana tal que:
f (0,0,1) = a'

f (1,1,0) = f (1,0,0) = f (0,1,1) = a
f (1,0,1) = f (0,1,0) = b
f (1,1,1) = 1
f (0,0,0) = c
determinar f(a,b',c') = ?

2. Prove que x + x = x segundo a álgebra de Boole
3. Prove que x + 1 = 1 na álgebra de Boole
4. Representar geometricamente as funções:
   a. a. f (x,y,z) = x' + yz
   b. b. f (x,y,z) = xy + z'
   c. f (x,y,z) = xy'z + xyz
   d. d. f (x,y,z) = xy + yz + xz

5. Desenhar os círculos de Euler das funções do exercício 4.
6. Qual a forma padrão das funções do exercício 4.
7. Simplifique algebricamente as funções da questão 6 (prova real da questão 4).

MINIMIZAÇÃO DE FUNÇÕES

Cada circuito corresponde a uma expressão booleana, portanto cada simplificação de expressão booleana é equivalente a simplificar o circuito correspondente. O custo de construção e funcionamento de um circuito lógico depende do estágio da tecnologia e, portanto, varia com o tempo. O problema da minimização de funções booleanas consiste na determinação de métodos para se encontrar um circuito mais simples equivalente a um circuito dado.

Para efetuar-se essa simplificação existem basicamente dois processos:

1º) Método Algébrico (já estudado anteriormente).

2º) Método do Mapa de Weitch-Karnaugh.

Os diagramas de Karnaugh permitem a simplificação de expressões com duas, três, quatro ou mais variáveis, sendo que para cada caso existe um tipo de diagrama mais apropriado.

Diagrama de Karnaugh para duas variáveis

Podem ocorrer os seguintes pares

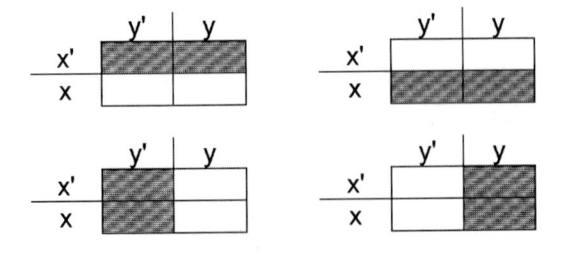

Exemplos:

1. $f(x,y) = xy$

	y'	y
x'	0	0
x	0	1

2. $f(x,y) = x + y$

	y'	y
x'	0	1
x	1	1

3. $f(x,y) = xy' + x'y$

	y'	y
x'	0	1
x	1	0

Diagrama de Karnaugh para três variáveis

Podem ocorrer as seguintes quadras

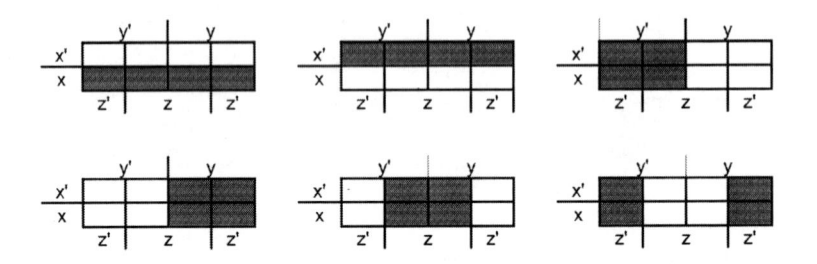

Exemplos:

1. f (x,y,z) = xyz' + xy'z' + x'yz + x'yz' + x'y'z'

	y'		y	
x'	1	0	1	1
x	1	0	0	1
	z'	z		z'

Essa expressão é equivalente a f (x,y,z) = x'y + z'

Simplificando algebricamente (fazendo a prova real):

f (x,y,z) = z' (xy + xy' + x'y + x'y') + x'yz
f (x,y,z) = z' (x (y + y') + x' (y + y')) + x'yz
f (x,y,z) = z' + x'yz
f (x,y,z) = (z' + x'y) (z' + z)
f (x,y,z) = z' + x'y

2. f (x,y,z) = xy'z' + xy'z + xyz + xyz' + x'y'z + x'yz

	y'		y	
x'	0	1	1	0
x	1	1	1	1
	z'	z	z'	

quadra: x
quadra: z
equivalente a f (x,y,z) = x + z

3. f (x,y,z) = xyz' + xy'z + xy'z' + x'yz + x'y'z

	y'		y	
x'	0	1	1	0
x	1	1	0	1
	z'	z	z'	

par: x'z
par: xy'
par: xz'
equivalente a f (x,y,z) = x'z + xy' + xz' (expressão I) ou
par: x'z
par: y'z
par: xz'
equivalente a f (x,y,z) = x'z + y'z + xz' (expressão II)

As expressões I e II aparentemente diferentes possuem o mesmo comportamento em cada possibilidade.

Diagrama de Karnaugh para quatro variáveis

Exemplos:

4. f (x,y,z,w) = xyzw + xyz'w + xyz'w' + xy'zw + xy'z'w
+ xy'z'w' + x'yzw + x'yz'w + x'y'zw + x'y'zw' + x'y'z'w

		y'	y'	y	y	
		0	1	0	0	w'
x'		1	1	1	1	
		1	1	1	1	w
x		1	0	0	1	w'
		z'	z	z	z'	

oitava: w
quadra: xz'
par: x'y'z
Equivalente a f (x,y,z,w) = w + xz' + x'y'z

RESOLUÇÃO PARA OS EXERCÍCIOS PROPOSTOS

CAPÍTULO 1

1. Determinar o valor lógico das proposições compostas abaixo sabendo-se que p = V; q = F; r = F; s = V; t = V.

   a. (p → q) → ((r ↔ s) ∨ ~ t)

(p	,	q)	→	((r	↔	s)	∨	~	t)
V	F	F	**V**	F	F	V	F	F	V
1	2	1	**4**	1	2	1	3	2	1

   b. (t ↔ ~ p ∨ q) → ~ (q ∨ r)

(t	↔	~	p	∨	q)	→	~	(q	∨	r)
V	F	F	V	F	F	**V**	V	F	F	F
1	4	2	1	3	1	**5**	3	1	2	1

c. $((p \wedge r) \to (s \vee t)) \wedge \sim q$

((p	∧	r)	→	(s	∨	t))	∧	~	q
V	F	F	V	V	V	V	**V**	V	F
1	2	1	3	1	2	1	**4**	2	1

2. Verificar quais das seguintes proposições são tautologias, contradições ou contingentes:

a. $p \to (\sim p \to q)$

p	→	(~	p	→	q)
V	**V**	F	V	V	V
V	**V**	F	V	V	F
F	**V**	V	F	V	V
F	**V**	V	F	F	F
1	**4**	2	1	3	1

Tautologia

b. $\sim p \vee q \to (p \to q)$

~	p	∨	q	→	(p	→	q)
F	V	V	V	**V**	V	V	V
F	V	F	F	**V**	V	F	F
V	F	V	V	**V**	F	V	V
V	F	F	F	**V**	F	V	F
2	1	3	1	**4**	1	2	1

Tautologia

c. p → (q → (q → p))

(p	→	(q	→	(q	→	p))
V	**V**	V	V	V	V	V
V	**V**	F	V	F	V	V
F	**V**	V	F	V	F	F
F	**V**	F	V	F	V	F
1	**4**	1	3	1	2	1

Tautologia

d. ((p → q) ↔ q) → p

((p	→	q)	↔	q)	→	p
V	V	V	V	V	**V**	V
V	F	F	V	F	**V**	V
F	V	V	V	V	**F**	F
F	V	F	F	F	**V**	F
1	2	1	3	1	**4**	1

Contingente

e. $(\sim p \to \sim q) \land (\sim q \to \sim r) \to (\sim p \to \sim r)$

(~	p	→	~	q)	∧	(~	q	→	~	r)	→	(~	p	→	~	r)
F	V	V	F	V	V	F	V	V	F	V	**V**	F	V	V	F	V
F	V	V	F	V	V	F	V	V	V	F	**V**	F	V	V	V	F
F	V	V	V	F	F	V	F	F	F	V	**V**	F	V	V	F	V
F	V	V	V	F	V	V	F	V	V	F	**V**	F	V	V	V	F
V	F	F	F	V	F	F	V	V	F	V	**V**	V	F	F	F	V
V	F	F	F	V	F	F	V	V	V	F	**V**	V	F	V	V	F
V	F	V	V	F	F	V	F	F	F	V	**V**	V	F	F	F	V
V	F	V	V	F	V	V	F	V	V	F	**V**	V	F	V	V	F
2	1	3	2	1	4	2	1	3	2	1	**5**	2	1	3	2	1

Tautologia

f. $(q \land r \to s) \land \sim s \to \sim (q \land r)$

(q	∧	r	→	s)	∧	~	s	→	~	(q	∧	r)
V	V	V	V	V	F	F	V	**V**	F	V	V	V
V	V	V	F	F	F	V	F	**V**	F	V	V	V
V	F	F	V	V	F	F	V	**V**	V	V	F	F
V	F	F	V	F	V	V	F	**V**	V	V	F	F
F	F	V	V	V	F	F	V	**V**	V	F	F	V
F	F	V	V	F	V	V	F	**V**	V	F	F	V
F	F	F	V	V	F	F	V	**V**	V	F	F	F
F	F	F	V	F	V	V	F	**V**	V	F	F	F
1	2	1	3	1	4	2	1	**5**	3	1	2	1

Tautologia

g. (p → q ∧ r) ∧ p → q ∧ r

(p	→	q	∧	r)	∧	p	→	q	∧	r
V	V	V	V	V	V	V	**V**	V	V	V
V	F	V	F	F	F	V	**V**	V	F	F
V	F	F	F	V	F	V	**V**	F	F	V
V	F	F	F	F	F	V	**V**	F	F	F
F	V	V	V	V	F	F	**V**	V	V	V
F	V	V	F	F	F	F	**V**	V	F	F
F	V	F	F	V	F	F	**V**	F	F	V
F	V	F	F	F	F	F	**V**	F	F	F
1	3	1	2	1	4	1	**5**	1	2	1

Tautologia

h. (p → q) ∧ (q → r) → ~ (p → r)

(p	→	q)	∧	(q	→	r)	→	~	(p	→	r)
V	V	V	V	V	V	V	**F**	F	V	V	V
V	V	V	F	V	F	F	**V**	V	V	F	F
V	F	F	F	F	V	V	**V**	F	V	V	V
V	F	F	F	F	V	F	**V**	V	V	F	F
F	V	V	V	V	V	V	**F**	F	F	V	V
F	V	V	F	V	F	F	**V**	F	F	V	F
F	V	F	V	F	V	V	**F**	F	F	V	V
F	V	F	V	F	V	F	**F**	F	F	V	F
1	2	1	3	1	2	1	**4**	3	1	2	1

Contingente

3. Verificar se as seguintes proposições compostas são tautológicas, contingentes ou contraválidas (contradição).

a. $\sim (p \vee q) \rightarrow (p \leftrightarrow q)$

~	(p	V	q)	→	(p	↔	q)
F	V	V	V	**V**	V	V	V
F	V	V	F	**V**	V	F	F
F	F	V	V	**V**	F	F	V
V	F	F	F	**V**	F	V	F

Tautologia

b. $p \vee (p \wedge q) \leftrightarrow q$

p	V	(p	∧	q)	↔	q
V	V	V	V	V	**V**	V
V	V	V	F	F	**F**	F
F	F	F	F	V	**F**	V
F	F	F	F	F	**V**	F

Contingente

c. $(p \leftrightarrow q) \wedge p \rightarrow q$

(p	↔	q)	∧	p	→	q
V	V	V	V	V	**V**	V
V	F	F	F	V	**V**	F
F	F	V	F	F	**V**	V
F	V	F	F	F	**V**	F

Tautologia

d. $(p \rightarrow q) \rightarrow (p \wedge r \rightarrow q)$

(p	→	q)	→	(p	∧	r	→	q)
V	V	V	**V**	V	V	V	V	V
V	V	V	**V**	V	F	F	V	V
V	F	F	**V**	V	V	V	F	F
V	F	F	**V**	V	F	F	V	F
F	V	V	**V**	F	F	V	V	V
F	V	V	**V**	F	F	F	V	V
F	V	F	**V**	F	F	V	V	F
F	V	F	**V**	F	F	F	V	F

Tautologia

e. $(p \rightarrow q) \rightarrow (p \rightarrow q \vee r)$

(p	→	q)	→	(p	→	q	∨	r)
V	V	V	**V**	V	V	V	V	V
V	V	V	**V**	V	V	V	V	F
V	F	F	**V**	V	V	F	V	V
V	F	F	**V**	V	F	F	F	F
F	V	V	**V**	F	V	V	V	V
F	V	V	**V**	F	V	V	V	F
F	V	F	**V**	F	V	F	V	V
F	V	F	**V**	F	V	F	F	F

Tautologia

f. $p \to (p \to q \land \sim q)$

p	→	(p	→	q	∧	~	q)
V	**F**	V	F	V	F	F	V
V	**F**	V	F	F	F	V	F
F	**V**	F	V	V	F	F	V
F	**V**	F	V	F	F	V	F

Contingente

g. $\sim p \lor q \to (p \to q)$

~	p	∨	q	→	(p	→	q)
F	V	V	V	**V**	V	V	V
F	V	F	F	**V**	V	F	F
V	F	V	V	**V**	F	V	V
V	F	V	F	**V**	F	V	F

Tautologia

h. $p \lor q \to (p \leftrightarrow \sim q)$

p	∨	q	→	(p	↔	~	q)
V	V	V	**F**	V	F	F	V
V	V	F	**V**	V	V	V	F
F	V	V	**V**	F	V	F	V
F	F	F	**V**	F	F	V	F

Contingente

i. $p \wedge q \rightarrow (p \leftrightarrow q \vee r)$

p	∧	q	→	(p	↔	q	∨	r)
V	V	V	**V**	V	V	V	V	V
V	V	V	**V**	V	V	V	V	F
V	F	F	**V**	V	V	F	V	V
V	F	F	**V**	V	F	F	F	F
F	F	V	**V**	F	F	V	V	V
F	F	V	**V**	F	F	V	V	F
F	F	F	**V**	F	F	F	V	V
F	F	F	**V**	F	V	F	F	F

Tautologia

j. $p \vee \sim q \rightarrow (p \rightarrow \sim q)$

p	∨	~	q	→	(p	→	~	q)
V	V	F	V	**F**	V	F	F	V
V	V	V	F	**V**	V	V	V	F
F	F	F	V	**V**	F	V	F	V
F	V	V	F	**V**	F	V	V	F

Contingente

4. Sabendo-se que as proposições x = y e x = 1 são **Verdadeiras** e y = w e y = z são **Falsas**, determinar o valor lógico de cada uma das seguintes proposições compostas.

a. $x \neq 1 \lor x \neq y \to y \neq z$

$x \neq 1$	$\lor$	$x \neq y$	$\to$	$y \neq z$
F	F	F	**V**	V

b. $x \neq y \lor y \neq z \to y = w$

$x \neq y$	$\lor$	$y \neq z$	$\to$	$y = w$
F	V	V	**F**	F

c. $x = 1 \land x = y \to y \neq z$

$x = 1$	$\land$	$x = y$	$\to$	$y \neq z$
V	V	V	**V**	V

d. $x \neq 1 \lor y = w \to y = z$

$x \neq 1$	$\lor$	$y = w$	$\to$	$y = z$
F	F	F	**V**	F

e. $x = 1 \to x \neq y \lor y \neq w$

$x = 1$	$\to$	$x \neq y$	$\lor$	$y \neq w$
V	**V**	F	V	V

f. $y \neq w \leftrightarrow x = 1 \wedge y = z$

y ≠ w	↔	x = 1	∧	y = z
V	F	V	F	F

g. $\sim (x = 1 \vee y \neq z) \rightarrow x = y$

~	(x = 1	∨	y ≠ z)	→	x = y
F	V	V	V	V	V

5. Sendo as proposições p e q são **Falsas** e r, s e t são **Verdadeiras**, determinar o valor lógico das proposições compostas.

a. $p \wedge q \rightarrow r \wedge s \leftrightarrow t \vee \sim q \leftrightarrow \sim p \vee q$

p	∧	q	→	r	∧	s	↔	t	∨	~	q	↔	~	p	∨	q
F	F	F	V	V	V	V	V	V	V	V	F	**V**	V	F	F	F

b. $(p \wedge (q \rightarrow r \wedge s \leftrightarrow t)) \vee \sim (q \leftrightarrow \sim p \vee q)$

(p	∧	(q	→	r	∧	s	↔	t))	∨	~	(q	↔	~	p	∨	q)
F	F	F	V	V	V	V	V	V	**V**	V	F	F	F	V	F	V	F

c. $(p \wedge q \rightarrow r) \wedge (s \leftrightarrow t \vee \sim q) \leftrightarrow \sim p \vee q$

(p	∧	q	→	r)	∧	(s	↔	t	V	~	q)	↔	~	p	V	q
F	F	F	V	V	V	V	V	V	V	V	F	**V**	V	F	V	F

d. $((p \wedge q \rightarrow r \wedge s \leftrightarrow t) \vee \sim q \leftrightarrow \sim p) \vee q$

((p	∧	q	→	r	∧	s	↔	t)	V	~	q	↔	~	p)	V	q
F	F	F	V	V	V	V	V	V	V	F	V	V	F	**F**	F

6. Elimine a maior quantidade de parênteses possível.

a. $((\sim(\sim p) \rightarrow r) \wedge \sim(((p \vee q) \rightarrow (q \underline{\vee} s)) \rightarrow (\sim p)))$

$(\sim\sim p \rightarrow r) \wedge \sim (p \vee q \rightarrow q \underline{\vee} s \rightarrow \sim p)$

b. $((p \wedge (\sim r)) \rightarrow ((p \vee r) \rightarrow (s \underline{\vee} r)) \leftrightarrow (q \vee r))$

$p \wedge \sim r \rightarrow (p \vee r \rightarrow s \underline{\vee} r) \leftrightarrow q \vee r$

c. $((\sim((\sim p) \wedge r) \rightarrow p \wedge r) \leftrightarrow ((p \vee r) \rightarrow q))$

$\sim(\sim p \wedge r) \rightarrow p \wedge r \Leftrightarrow p \vee r \rightarrow q$

CAPÍTULO 2

1. Dadas as proposições compostas abaixo verifique se ocorre a implicação lógica ou a equivalência lógica conforme solicitado:

   a. $(p \to q) \lor (q \to r) \Rightarrow p \to r$

(p	→	q)	V	(q	→	r)	⇒	(p	→	r)
V	V	V	V	V	V	V	**V**	V	V	V
V	V	V	V	V	F	F	**F**	V	F	F
V	F	F	V	F	V	V	**V**	V	V	V
V	F	F	V	F	V	F	**F**	V	F	F
F	V	V	V	V	V	V	**V**	F	V	V
F	V	V	V	V	F	F	**V**	F	V	F
F	V	F	V	F	V	V	**V**	F	V	V
F	V	F	V	F	V	F	**V**	F	V	F

Não implica logicamente

b. $(x \neq 0 \rightarrow x = y) \wedge x \neq y \Rightarrow x = 0$

Chamando $x = 0 : p$; $x = y : q$
Temos: $(\sim p \rightarrow q) \wedge \sim q \Rightarrow p$

(~	p	→	q)	∧	~	q	⇒	p
F	V	V	V	F	F	V	**V**	V
F	V	V	F	V	V	F	**V**	V
V	F	V	V	F	F	V	**V**	F
V	F	F	F	F	V	F	**V**	F

Implica logicamente

c. $p \leftrightarrow \sim q \Rightarrow p \rightarrow q$

p	↔	~	q	⇒	p	→	q
V	F	F	V	**V**	V	V	V
V	V	V	F	**F**	V	F	F
F	V	F	V	**V**	F	V	V
F	F	V	F	**V**	F	V	F

Não implica logicamente

d. $p \veebar q \Leftrightarrow (p \vee q) \wedge \sim (p \wedge q)$

p	⊻	q	⇔	(p	∨	q)	∧	~	(p	∧	q)
V	F	V	**V**	V	V	V	F	F	V	V	V
V	V	F	**V**	V	V	F	V	V	V	F	F
F	V	V	**V**	F	V	V	V	V	F	F	V
F	F	F	**V**	F	F	F	F	V	F	F	F

São equivalentes

e. $(x = 0 \wedge y = 0) \to z = 0 \Leftrightarrow x = 0 \to (y = 0 \to z = 0)$

Chamando $x = 0 : p$; $y = 0 : q$; $z = 0 : r$
Temos:

$$(p \wedge q) \to r \Leftrightarrow p \to (q \to r)$$

(p	∧	q)	→	r	⇔	p	→	(q	→	r)
V	V	V	V	V	**V**	V	V	V	V	V
V	V	V	F	F	**V**	V	F	V	F	F
V	F	F	V	V	**V**	V	V	F	V	V
V	F	F	V	F	**V**	V	V	F	V	F
F	F	V	V	V	**V**	F	V	V	V	V
F	F	V	V	F	**V**	F	V	V	F	F
F	F	F	V	V	**V**	F	V	F	V	V
F	F	F	V	F	**V**	F	V	F	V	F

São equivalentes

f. $(x = y \lor x < 5) \land x \geq 5 \Rightarrow x = y$

Chamando: $x = y : p$; $x < 5 : q$
Temos: $(p \lor q) \land \sim q \Rightarrow p$

(p	∨	q)	∧	~	q	⇒	p
V	V	V	F	F	V	**V**	V
V	V	F	V	V	F	**V**	V
F	V	V	F	F	V	**V**	F
F	F	F	F	V	F	**V**	F

Implica logicamente

g. $(x \neq 1 \rightarrow x \neq y) \land x = y \Rightarrow x = 1$

Chamando: $x \neq 1: p$; $x \neq y : q$
Temos: $(p \rightarrow q) \land \sim q \Rightarrow \sim p$

(p	→	q)	∧	~	q	⇒	~	p
V	V	V	F	F	V	**V**	F	V
V	F	F	F	V	F	**V**	F	V
F	V	V	F	F	V	**V**	V	F
F	V	F	V	V	F	**V**	V	F

Implica logicamente

h. $(x = 0 \rightarrow x = w) \land (x = w \rightarrow x = 0) \Leftrightarrow x = 0 \leftrightarrow x = w$

Chamando: $x = 0 : p$; $x = w : q$

Temos: $(p \rightarrow q) \land (q \rightarrow p) \Leftrightarrow p \leftrightarrow q$

(p	→	q)	∧	(q	→	p)	⇔	p	↔	q
V	V	V	V	V	V	V	**V**	V	V	V
V	F	F	F	F	V	V	**V**	V	F	F
F	V	V	F	V	F	F	**V**	F	F	V
F	V	F	V	F	V	F	**V**	F	V	F

São equivalentes

i. $x = 0 \lor x \geq 2 \Leftrightarrow \sim (x < 2 \land x = 0)$

Chamando: $x = 0 : p$; $x \geq 2 : q$
Temos: $p \lor q \Leftrightarrow \sim(\sim q \land p)$

p	∨	q	⇔	~	(~	q	∧	p)
V	V	V	**V**	V	F	V	F	V
V	V	F	**F**	F	V	F	V	V
F	V	V	**V**	V	F	V	F	F
F	F	F	**F**	V	V	F	F	F

Não são equivalentes

j. p → (q ∧ ~ q) ⇔ ~ p

p	→	(q	∧	~	q)	⇔	~	p
V	F	V	F	F	V	**V**	F	V
V	F	F	F	V	F	**V**	F	V
F	V	V	F	F	V	**V**	V	F
F	V	F	F	V	F	**V**	V	F

São equivalentes

k. (p ∧ q) → r ⇔ p → (q → r)

(p	∧	q)	→	r	⇔	p	→	(q	→	r)
V	V	V	V	V	**V**	V	V	V	V	V
V	V	V	F	F	**V**	V	F	V	F	F
V	F	F	V	V	**V**	V	V	F	V	V
V	F	F	V	F	**V**	V	V	F	V	F
F	F	V	V	V	**V**	F	V	V	V	V
F	F	V	V	F	**V**	F	V	V	F	F
F	F	F	V	V	**V**	F	V	F	V	V
F	F	F	V	F	**V**	F	V	F	V	F

São equivalentes

l. $p \to q \Leftrightarrow \sim q \to \sim p$

p	→	q	⇔	~	q	→	~	p
V	V	V	**V**	F	V	V	F	V
V	F	F	**V**	V	F	F	F	V
F	V	V	**V**	F	V	V	V	F
F	V	F	**V**	V	F	V	V	F

São equivalentes

m. $p \leftrightarrow q \Leftrightarrow (p \wedge q) \vee (\sim p \wedge \sim q)$

p	↔	q	⇔	(p	∧	q)	∨	(~	p	∧	~	q)
V	V	V	**V**	V	V	V	V	F	V	F	F	V
V	F	F	**V**	V	F	F	F	F	V	F	V	F
F	F	V	**V**	F	F	V	F	V	F	F	F	V
F	V	F	**V**	F	F	F	V	V	F	V	V	F

São equivalentes

n. $p \to q \Leftrightarrow \sim p \vee q$

p	→	q	⇔	~	p	∨	q
V	V	V	**V**	F	V	V	V
V	F	F	**V**	F	V	F	F
F	V	V	**V**	V	F	V	V
F	V	F	**V**	V	F	V	F

São equivalentes

o. ~ (p ∧ q) ⇔ ~ p ∨ ~ q

~	(p	∧	q)	⇔	~	p	∨	~	q
F	V	V	V	**V**	F	V	F	F	V
V	V	F	F	**V**	F	V	V	V	F
V	F	F	V	**V**	V	F	V	F	V
V	F	F	F	**V**	V	F	V	V	F

São equivalentes

p. ~ (p ∨ q) ⇔ ~ p ∧ ~ q

~	(p	∨	q)	⇔	~	p	∧	~	q
F	V	V	V	**V**	F	V	F	F	V
F	V	V	F	**V**	F	V	F	V	F
F	F	V	V	**V**	V	F	F	F	V
V	F	F	F	**V**	V	F	V	V	F

São equivalentes

q. p ∧ (q ∨ r) ⇔ (p ∧ q) ∨ (p ∧ r)

p	∧	(q	∨	r)	⇔	(p	∧	q)	∨	(p	∧	r)
V	V	V	V	V	**V**	V	V	V	V	V	V	V
V	V	V	V	F	**V**	V	V	V	V	V	F	F
V	V	F	V	V	**V**	V	F	F	V	V	V	V
V	F	F	F	F	**V**	V	F	F	F	V	F	F
F	F	V	V	V	**V**	F	F	V	F	F	F	V
F	F	V	V	F	**V**	F	F	V	F	F	F	F
F	F	F	V	V	**V**	F	F	F	F	F	F	V
F	F	F	F	F	**V**	F	F	F	F	F	F	F

São equivalentes

r. p ∨ (q ∧ r) ⇔ (p ∨ q) ∧ (p ∨ r)

p	∨	(q	∧	r)	⇔	(p	∨	q)	∧	(p	∨	r)
V	V	V	V	V	**V**	V	V	V	V	V	V	V
V	V	V	F	F	**V**	V	V	V	V	V	V	F
V	V	F	F	V	**V**	V	V	F	V	V	V	V
V	V	F	F	F	**V**	V	V	F	V	V	V	F
F	V	V	V	V	**V**	F	V	V	V	F	V	V
F	F	V	F	F	**V**	F	V	V	F	F	F	F
F	F	F	F	V	**V**	F	F	F	F	F	V	V
F	F	F	F	F	**V**	F	F	F	F	F	F	F

São equivalentes

s. p → q ∧ r ⇔ (p → q) ∧ (p → r)

p	→	q	∧	r	⇔	(p	→	q)	∧	(p	→	r)
V	V	V	V	V	**V**	V	V	V	V	V	V	V
V	F	V	F	F	**V**	V	V	V	F	V	F	F
V	F	F	F	V	**V**	V	F	F	F	V	V	V
V	F	F	F	F	**V**	V	F	F	F	V	F	F
F	V	V	V	V	**V**	F	V	V	V	F	V	V
F	V	V	F	F	**V**	F	V	V	V	F	V	F
F	V	F	F	V	**V**	F	V	F	V	F	V	V
F	V	F	F	F	**V**	F	V	F	V	F	V	F

São equivalentes

t. p → q ∨ r ⇔ (p → q) ∨ (p → r)

p	→	q	∨	r	⇔	(p	→	q)	∨	(p	→	r)
V	V	V	V	V	**V**	V	V	V	V	V	V	V
V	V	V	V	F	**V**	V	V	V	V	V	F	F
V	V	F	V	V	**V**	V	F	F	V	V	V	V
V	F	F	F	F	**V**	V	F	F	F	V	F	F
F	V	V	V	V	**V**	F	V	V	V	F	V	V
F	V	V	V	F	**V**	F	V	V	V	F	V	F
F	V	F	V	V	**V**	F	V	F	V	F	V	V
F	V	F	F	F	**V**	F	V	F	V	F	V	F

São equivalentes

CAPÍTULO 3

Construir a Tabela verdade para cada uma das Equivalências Notáveis

1. Idempotência (Id)

a. p ⇔ p ∧ p

p	⇔	p	∧	p
V	**V**	V	V	V
F	**V**	F	F	F

b. p ⇔ p ∨ p

p	⇔	p	∨	p
V	**V**	V	V	V
F	**V**	F	F	F

2. Comutação (Com.)

a. p ∧ q ⇔ q ∧ p

p	∧	q	⇔	q	∧	p
V	V	V	**V**	V	V	V
V	F	F	**V**	F	F	V
F	F	V	**V**	V	F	F
F	F	F	**V**	F	F	F

b. p ∨ q ⇔ q ∨ p

p	V	q	⇔	q	V	p
V	V	V	**V**	V	V	V
V	V	F	**V**	F	V	V
F	V	V	**V**	V	V	F
F	F	F	**V**	F	F	F

3. **Associação (Assoc.)**

a. p ∧ (q ∧ r) ⇔ (p ∧ q) ∧ r

p	∧	(q	∧	r)	⇔	(p	∧	q)	∧	r
V	V	V	V	V	**V**	V	V	V	V	V
V	F	V	F	F	**V**	V	V	V	F	F
V	F	F	F	V	**V**	V	F	F	F	V
V	F	F	F	F	**V**	V	F	F	F	F
F	F	V	V	V	**V**	F	F	V	F	V
F	F	V	F	F	**V**	F	F	V	F	F
F	F	F	F	V	**V**	F	F	F	F	V
F	F	F	F	F	**V**	F	F	F	F	F

b. p ∨ (q ∨ r) ⇔ (p ∨ q) ∨ r

p	∨	(q	∨	r)	⇔	(p	∨	q)	∨	r
V	V	V	V	V	**V**	V	V	V	V	V
V	V	V	V	F	**V**	V	V	V	V	F
V	V	F	V	V	**V**	V	V	F	V	V
V	V	F	F	F	**V**	V	V	F	V	F
F	V	V	V	V	**V**	F	V	V	V	V
F	V	V	V	F	**V**	F	V	V	V	F
F	V	F	V	V	**V**	F	F	F	V	V
F	F	F	F	F	**V**	F	F	F	F	F

4. **Distribuição (Dist.)**

a. p ∧ (q ∨ r) ⇔ (p ∧ q) ∨ (p ∧ r)

p	∧	(q	∨	r)	⇔	(p	∧	q)	∨	(p	∧	r)
V	V	V	V	V	**V**	V	V	V	V	V	V	V
V	V	V	V	F	**V**	V	V	V	V	V	F	F
V	V	F	V	V	**V**	V	F	F	V	V	V	V
V	F	F	F	F	**V**	V	F	F	F	V	F	F
F	F	V	V	V	**V**	F	F	V	F	F	F	V
F	F	V	V	F	**V**	F	F	V	F	F	F	F
F	F	F	V	V	**V**	F	F	F	F	F	F	V
F	F	F	F	F	**V**	F	F	F	F	F	F	F

b. p ∨ (q ∧ r) ⇔ (p ∨ q) ∧ (p ∨ r)

p	∨	(q	∧	r)	⇔	(p	∨	q)	∧	(p	∨	r)
V	V	V	V	V	**V**	V	V	V	V	V	V	V
V	V	V	F	F	**V**	V	V	V	V	V	V	F
V	V	F	F	V	**V**	V	V	F	V	V	V	V
V	V	F	F	F	**V**	V	V	F	V	V	V	F
F	V	V	V	V	**V**	F	V	V	V	F	V	V
F	F	V	F	F	**V**	F	V	V	F	F	F	F
F	F	F	F	V	**V**	F	F	F	F	F	V	V
F	F	F	F	F	**V**	F	F	F	F	F	F	F

c. p → q ∧ r ⇔ (p → q) ∧ (p → r)

p	→	q	∧	r	⇔	(p	→	q)	∧	(p	→	r)
V	V	V	V	V	**V**	V	V	V	V	V	V	V
V	F	V	F	F	**V**	V	V	V	F	V	F	F
V	F	F	F	V	**V**	V	F	F	F	V	V	V
V	F	F	F	F	**V**	V	F	F	F	V	F	F
F	V	V	V	V	**V**	F	V	V	V	F	V	V
F	V	V	F	F	**V**	F	V	V	V	F	V	F
F	V	F	F	V	**V**	F	V	F	V	F	V	V
F	V	F	F	F	**V**	F	V	F	V	F	V	F

d. $p \to q \vee r \Leftrightarrow (p \to q) \vee (p \to r)$

p	→	q	∨	r	⇔	(p	→	q)	∨	(p	→	r)
V	V	V	V	V	**V**	V	V	V	V	V	V	V
V	V	V	V	F	**V**	V	V	V	V	V	F	F
V	V	F	V	V	**V**	V	F	F	V	V	V	V
V	F	F	F	F	**V**	V	F	F	F	V	F	F
F	V	V	V	V	**V**	F	V	V	V	F	V	V
F	V	V	V	F	**V**	F	V	V	V	F	V	F
F	V	F	V	V	**V**	F	V	F	V	F	V	V
F	V	F	F	F	**V**	F	V	F	V	F	V	F

5. **Dupla Negação (DN)**

a. $p \Leftrightarrow \sim (\sim p)$

p	⇔	~	(~	p)
V	**V**	V	F	V
F	**V**	F	V	F

6. De Morgan (DM)

a. ~ (p ∧ q) ⇔ ~ p ∨ ~ q

~	(p	∧	q)	⇔	~	p	∨	~	q
F	V	V	V	**V**	F	V	F	F	V
V	V	F	F	**V**	F	V	V	V	F
V	F	F	V	**V**	V	F	V	F	V
V	F	F	F	**V**	V	F	V	V	F

b. ~ (p ∨ q) ⇔ ~ p ∧ ~ q

~	(p	∨	q)	⇔	~	p	∧	~	q
F	V	V	V	**V**	F	V	F	F	V
F	V	V	F	**V**	F	V	F	V	F
F	F	V	V	**V**	V	F	F	F	V
V	F	F	F	**V**	V	F	V	V	F

7. Condicional (Cond.)

a. p → q ⇔ ~ p ∨ q

p	→	q	⇔	~	p	∨	q
V	V	V	**V**	F	V	V	V
V	F	F	**V**	F	V	F	F
F	V	V	**V**	V	F	V	V
F	V	F	**V**	V	F	V	F

8. **Bicondicional (Bic.)**

a. p ↔ q ⇔ (p → q) ∧ (q → p)

p	↔	q	⇔	(p	→	q)	∧	(q	→	p)
V	V	V	**V**	V	V	V	V	V	V	V
V	F	F	**V**	V	F	F	F	F	V	V
F	F	V	**V**	F	V	V	F	V	F	F
F	V	F	**V**	F	V	F	V	F	V	F

b. p ↔ q ⇔ (p ∧ q) ∨ (~ p ∧ ~ q)

p	↔	q	⇔	(p	∧	q)	∨	(~	p	∧	~	q)
V	V	V	**V**	V	V	V	V	F	V	F	F	V
V	F	F	**V**	V	F	F	F	F	V	F	V	F
F	F	V	**V**	F	F	V	F	V	F	F	F	V
F	V	F	**V**	F	F	F	V	V	F	V	V	F

9. **Contraposição (CP)**

a. p → q ⇔ ~ q → ~ p

p	→	q	⇔	~	q	→	~	p
V	V	V	**V**	F	V	V	F	V
V	F	F	**V**	V	F	F	F	V
F	V	V	**V**	F	V	V	V	F
F	V	F	**V**	V	F	V	V	F

10. Exportação – Importação (E.I.)

a. $(p \wedge q) \rightarrow r \Leftrightarrow p \rightarrow (q \rightarrow r)$

(p	∧	q)	→	r	⇔	p	→	(q	→	r)
V	V	V	V	V	**V**	V	V	V	V	V
V	V	V	F	F	**V**	V	F	V	F	F
V	F	F	V	V	**V**	V	V	F	V	V
V	F	F	V	F	**V**	V	V	F	V	F
F	F	V	V	V	**V**	F	V	V	V	V
F	F	V	V	F	**V**	F	V	V	F	F
F	F	F	V	V	**V**	F	V	F	V	V
F	F	F	V	F	**V**	F	V	F	V	F

11. Absurdo (Abs.)

a. $p \rightarrow (q \wedge \sim q) \Leftrightarrow \sim p$

(p	→	(q	∧	~	q)	⇔	~	p
V	F	V	F	F	V	**V**	F	V
V	F	F	F	V	F	**V**	F	V
F	V	V	F	F	V	**V**	V	F
F	V	F	F	V	F	**V**	V	F

CAPÍTULO 4

1. Construa a tabela verdade do Silogismo Disjuntivo, comprovando que trata-se de um argumento válido.

   p ∨ q
   ~ p
   ∴ q

(p	∨	q)	∧	~	p	⇒	q
V	V	V	F	F	V	**V**	V
V	V	F	F	F	V	**V**	F
F	V	V	V	V	F	**V**	V
F	F	F	F	V	F	**V**	F

2. Construa a tabela verdade do Dilema Construtivo, comprovando que trata-se de um argumento válido.

   p → q
   r → s
   p ∨ r
   ∴ q ∨ s

(p	→	q)	∧	(r	→	s)	∧	(p	V	r)	⇒	q	V	s
V	V	V	V	V	V	V	V	V	V	V	**V**	V	V	V
V	V	V	F	V	F	F	F	V	V	V	**V**	V	V	F
V	V	V	V	F	V	V	V	V	V	F	**V**	V	V	V
V	V	V	V	F	V	F	V	V	V	F	**V**	V	V	F
V	F	F	F	V	V	V	F	V	V	V	**V**	F	V	V
V	F	F	F	V	F	F	F	V	V	V	**V**	F	F	F
V	F	F	F	F	V	V	F	V	V	F	**V**	F	V	V
V	F	F	F	F	V	F	F	V	V	F	**V**	F	F	F
F	V	V	V	V	V	V	F	V	V	V	**V**	V	V	V
F	V	V	F	V	F	F	F	F	V	V	**V**	V	V	F
F	V	V	V	F	V	F	F	F	F	V	**V**	V	V	V
F	V	V	V	F	V	F	F	F	F	V	**V**	V	V	F
F	V	F	V	V	V	V	F	V	V	V	**V**	F	V	V
F	V	F	F	V	F	F	F	F	V	V	**V**	F	F	F
F	V	F	V	F	V	V	F	F	F	F	**V**	F	V	V
F	V	F	V	F	V	F	F	F	F	F	**V**	F	F	F

3. Construa a tabela verdade do Dilema Destrutivo, comprovando que se trata de um argumento válido.

p → q
r → s
~ q ∨ ~ s
∴ ~ p ∨ ~ r

(p	→	q)	∧	(r	→	s)	∧	(~	q	V	~	s)	⇒	~	p	V	~	r
V	V	V	V	V	V	V	F	F	V	F	F	V	**V**	F	V	F	F	V
V	V	V	F	V	F	F	F	F	V	V	V	F	**V**	F	V	F	F	V
V	V	V	V	F	V	V	F	F	V	F	F	V	**V**	F	V	V	V	F
V	V	V	V	F	V	F	V	F	V	V	V	F	**V**	F	V	V	V	F
V	F	F	F	V	V	V	F	V	F	V	F	V	**V**	F	V	F	F	V
V	F	F	F	V	F	F	F	V	F	V	V	F	**V**	F	V	F	F	V
V	F	F	F	F	V	V	F	V	F	V	F	V	**V**	F	V	V	V	F
V	F	F	F	F	V	F	F	V	F	V	V	F	**V**	F	V	V	V	F
F	V	V	V	V	V	V	F	F	V	F	F	V	**V**	V	F	V	F	V
F	V	V	F	V	F	F	F	F	V	V	V	F	**V**	V	F	V	F	V
F	V	V	V	F	V	V	F	F	V	F	F	V	**V**	V	F	V	V	F
F	V	V	V	F	V	F	V	F	V	V	V	F	**V**	V	F	V	V	F
F	V	F	V	V	V	V	V	V	F	V	F	V	**V**	V	F	V	F	V
F	V	F	F	V	F	F	F	V	F	V	V	F	**V**	V	F	V	F	V
F	V	F	V	F	V	V	V	V	F	V	F	V	**V**	V	F	V	V	F
F	V	F	V	F	V	F	V	V	F	V	V	F	**V**	V	F	V	V	F

CAPÍTULO 5

1. Provar x < 2 dadas as premissas (construir o fluxograma)

   1. $x + 2 > 6 \to x = 3$
   2. $x + 2 > 6 \lor (5 - x > 2 \land x < 2)$
   3. $x = 3 \to x + 4 \geq 8$
   4. $x + 4 < 8$

   Chamando:

   $x < 2 : p \,;\, x + 2 > 6 : q \,;\, x = 3 : r \,;\, 5 - x > 2 : s \,;\, x + 4 \geq 8 : t$

   Temos:

   $q \to r, \, q \lor (s \land p), \, r \to t, \, \sim t \vdash p$

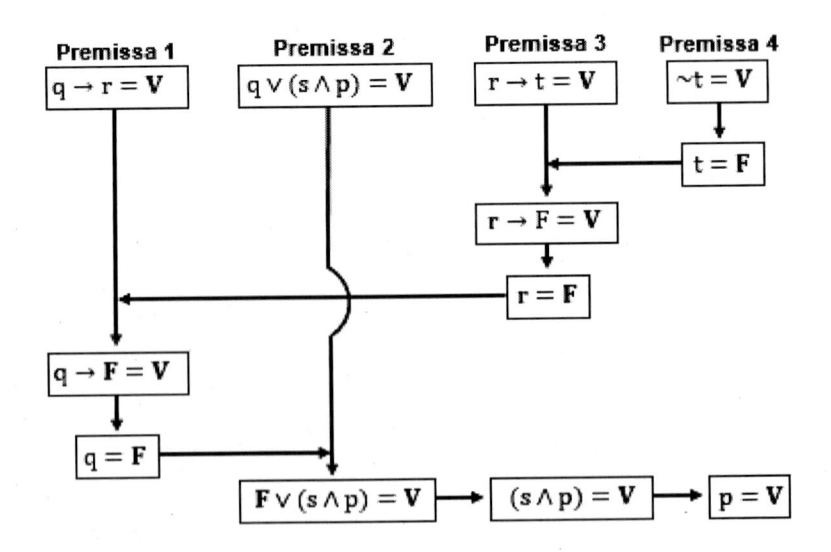

   Premissa 1
   $\boxed{q \to r = V}$

   Premissa 2
   $\boxed{q \lor (s \land p) = V}$

   Premissa 3
   $\boxed{r \to t = V}$

   Premissa 4
   $\boxed{\sim t = V}$

   $\boxed{t = F}$

   $\boxed{r \to F = V}$

   $\boxed{r = F}$

   $\boxed{q \to F = V}$

   $\boxed{q = F}$

   $\boxed{F \lor (s \land p) = V} \to \boxed{(s \land p) = V} \to \boxed{p = V}$

1. q → r
2. q ∨ (s ∧ p)
3. r → t
4. ~t
5. ~r   MT (3,4)
6. ~q   MT (1,5)
7. s ∧ p   SD (2,6)
8. p   S (7)   cqd.

2. Provar y + z = 10 dadas as premissas

1. x.y + z = 12 → x.y = 5
2. (x.y + z = 12 → x = 3) → (y = 3 ∧ z = 5)
3. z = 5 → ((y = 3 → y + z = 10) ∧ z > y)
4. x.y = 5 → x = 3

Chamando:

x.y + z = 12 : p ; x.y = 5: q ; x = 3 : r ; y = 3 : s ; z = 5 : t
y + z = 10 : u ; z > y : v

Temos:

p → q , (p → r) → (s ∧ t) , t →((s → u) ∧ v) , q → r ⊢ u

1. p → q
2. (p → r) → (s ∧ t)
3. t →((s → u) ∧ v)
4. q → r
5. p → r   SH (1,4)
6. s ∧ t   MP (2,5)
7. t   S (6)
8. (s → u) ∧ v   MP (3,7)
9. s → u   S (8)
10. s   S (6)
11. u   MP (9,10) cqd.

3. Provar 5x − 3 = 3x + 2 → x = 5 dadas as premissas

1. 5x − 3 = 3x + 2 → 5x = 3x + 8
2. 5x = 3x + 8 → 2x = 6
3. 2x = 6 → x = 5

Chamando:

5x − 3 = 3x + 2 : p ; x = 5 : q ; 5x = 3x + 8 : r ; 2x = 6 : s

Temos:

p → r, r → s, s → q ⊢ p → q

1. p → r
2. r → s
3. s → q
4. p → s   SH (1,2)
5. p → q   SH (4,3)   cqd.

4. Provar y = 0 dadas as premissas (construir o fluxograma)

1. 2x + y = 9 → 2x = 4
2. 2x + y = 6 → y = 0
3. 2x ≠ 4
4. 2x + y = 9 ∨ 2x + y = 6

Chamando:

y = 0 : p ; 2x + y = 9 : q ; 2x = 4 : r ; 2x + y = 6 : s

Temos:

q → r, s → p, ~r, q ∨ s ⊢ p

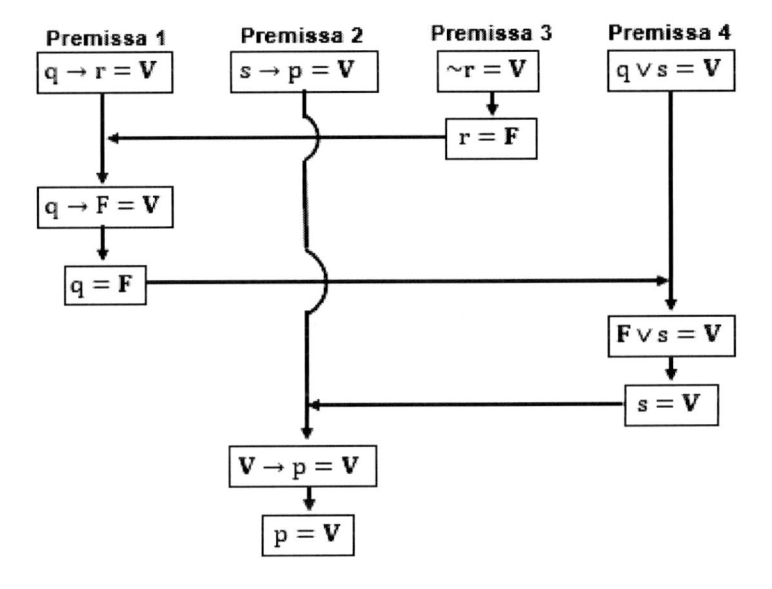

```
Premissa 1        Premissa 2        Premissa 3        Premissa 4
 q → r = V         s → p = V          ~r = V            q ∨ s = V
                                        ↓
                                      r = F

 q → F = V

 q = F
                                                        F ∨ s = V

                                                        s = V

                   V → p = V

                     p = V
```

1. q → r
2. s → p
3. ~r
4. q ∨ s
5. ~q   MT (1,3)
6. s   SD (4,5)
7. p   MP (2,6)   cqd.

5. Provar $z = 1 \lor x < y$ dadas as premissas (construir o fluxograma)

1. $y \geq z \land z = 1$
2. $y \geq 6 \to x < y$
3. $x > 5 \lor y \geq 6$
4. $x > 5 \to y < z$

Chamando:

$z = 1$: p ; $x < y$: q ; $y \geq z$: r ; $y \geq 6$: s ; $x > 5$: t

Temos:

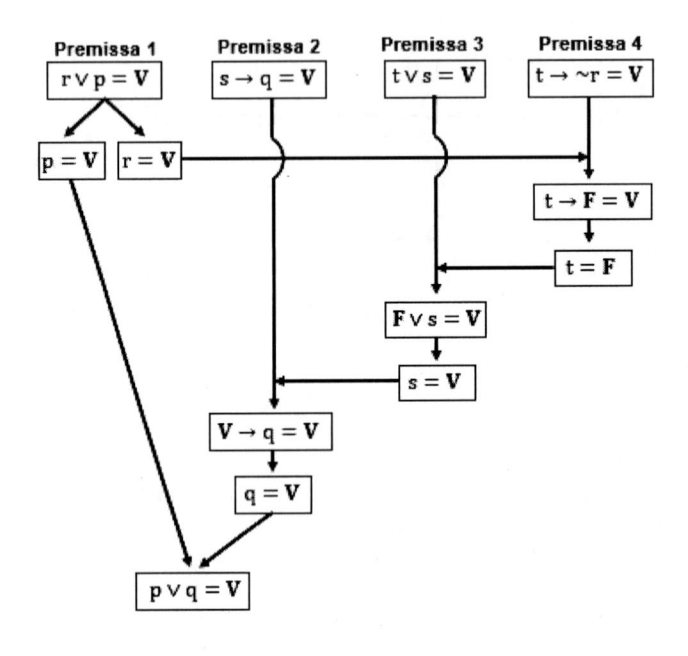

r ∧ p, s → q, t ∨ s, t → ~r ⊢ p ∨ q

```
       Premissa 1        Premissa 2      Premissa 3      Premissa 4
       ┌─────────┐       ┌─────────┐     ┌─────────┐     ┌──────────┐
       │ r ∨ p = V│      │ s → q = V│    │ t ∨ s = V│    │t → ~r = V│
       └─────────┘       └─────────┘     └─────────┘     └──────────┘
         ↙     ↘
    ┌─────┐ ┌─────┐
    │p = V│ │r = V│
    └─────┘ └─────┘
                                                         ┌──────────┐
                                                         │t → F = V │
                                                         └──────────┘
                                                              ↓
                                                         ┌────────┐
                                                         │ t = F  │
                                                         └────────┘
                                         ┌────────┐
                                         │ F ∨ s = V│
                                         └────────┘
                                              ↓
                                         ┌────────┐
                                         │ s = V  │
                                         └────────┘
                         ┌──────────┐
                         │ V → q = V│
                         └──────────┘
                              ↓
                         ┌────────┐
                         │ q = V  │
                         └────────┘
              ┌──────────┐
              │ p ∨ q = V│
              └──────────┘
```

1. r ∧ p
2. s → q
3. t ∨ s
4. t → ~r
5. r   S (1)
6. ~t   MT (4,5)
7. s   SD (3,6)
8. q   MP (2.7)
9. p   S (1)
10. p ∨ q   A (9,8)   cqd.

6. Assinale o argumento válido onde S1, S2 indicam premissas e S a conclusão:

Solução: alternativa (b)

b) S1: se o cavalo estiver cansado então ele perderá a corrida.
S2: o cavalo ganhou a corrida.
S: o cavalo estava descansado.

Chamando:

p: cavalo estiver cansado.
q: perderá a corrida.

Temos:

S1 $p \rightarrow q$
S2 $\sim q$
S $\sim p$ MT (1,2)

7. Provar $x^2 = 25 \lor x^2 > 25$ dadas as premissas

   1. $x^2 \geq 25 \rightarrow x^2 = 25 \lor x^2 > 25$
   2. $x^2 < 25 \rightarrow x \leq 2$
   3. $x = 3 \lor x = 5$
   4. $x = 3 \rightarrow x^2 - 5x + 15 = 0$
   5. $x = 5 \rightarrow x^2 - 5x + 15 = 0$
   6. $x^2 - 5x + 15 = 0 \rightarrow x > 2$

Chamando:

p: $x^2 = 25$; q: $x^2 > 25$; r: $x^2 \geq 25$; s: $x \leq 2$; t: $x = 3$;
u: $x = 5$; v: $x^2 - 5x + 15 = 0$

Temos:

$r \rightarrow p \lor q, \sim r \rightarrow s, t \lor u, t \rightarrow v, u \rightarrow v, v \rightarrow \sim s \vdash p \lor q$

1. r → p ∨ q
2. ~r → s
3. t ∨ u
4. t → v
5. u → v
6. v → ~s
7. v ∨ v   DC (4,5,3)
8. v   ID (7)
9. ~s   MP (6,8)
10. r   MT (2,9)
11. p ∨ q   MP (1,10) cqd

8. Verificar a validade das premissas

1. $x = 7 \vee y = 3$
2. $x > 2 \vee x + y \leq 6$
3. $y = 3 \vee x = 7 \to x + y > 6$
4. $\sim (y < 9 \wedge y > 3) \to x \leq 2$
∴ $y < 9$

Chamando:

p: $x = 7$; q: $y = 3$; r: $x > 2$; s: $x + y \leq 6$; t: $y < 9$; u: $y > 3$

Temos:

p ∨ q, r ∨ s, q ∨ p → ~s, ~(t ∧ u) → ~r ⊢ t

1. p ∨ q
2. r ∨ s
3. q ∨ p → ~s
4. ~(t ∧ u) → ~r
5. q ∨ p   COM (1)
6. ~s   MP(3,5)
7. r   SD (2,6)
8. t ∧ u   MT (4,7)
9. t   S (8)   cqd.

9. Verificar a validade das premissas (construir o fluxograma)

1. $x < 2 \wedge y > 5$
2. $y \neq 9 \rightarrow \sim (x = 2 \wedge y > x)$
3. $y > 5 \wedge x < 2 \rightarrow y > x \wedge x = 2$
∴ $y = 9$

Chamando:

p: $x < 2$; q: $y > 5$; r: $y \neq 9$; s: $x = 2$; t: $y > x$

Temos:

$p \wedge q, r \rightarrow \sim (s \wedge t), q \wedge p \rightarrow t \wedge s \vdash \sim r$

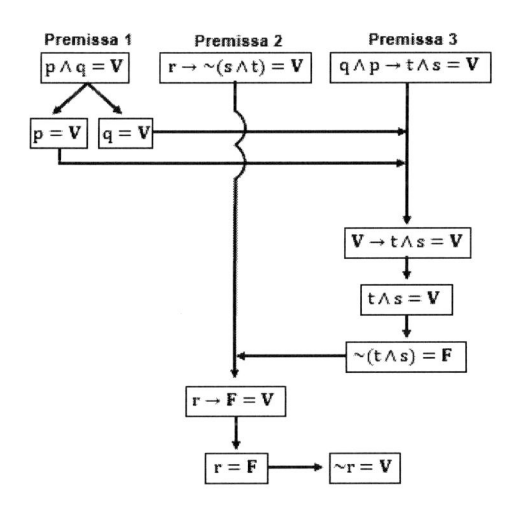

1. $p \wedge q$
2. $r \rightarrow \sim (s \wedge t)$
3. $q \wedge p \rightarrow t \wedge s$
4. $q \wedge p$ COM (1)
5. $t \wedge s$ MP (3,1)
6. $s \wedge t$ COM (5)
7. $\sim r$ MT (2,6)   cqd.

10. Verificar a validade das premissas

1. $x > y \lor x < 9$
2. $x > y \to x > 3$
3. $x > 3 \to x = 4 \land x < 5$
4. $x < 9 \to x = 4 \land x < 5$
5. $x > y \to \sim(y < z \lor z > x)$
6. $x < 5 \land x = 4 \to z > x \lor y < z$
∴ $x < 9$

Chamando:

p: $x > y$; q: $x < 9$; r: $x > 3$; s: $x = 4$; t: $x < 5$; u: $y < z$; v: $z > x$

Temos:

$p \lor q, p \to r, r \to s \land t, q \to s \land t, p \to \sim(u \lor v), t \land s \to v \lor u \vdash q$

1. $p \lor q$
2. $p \to r$
3. $r \to s \land t$
4. $q \to s \land t$
5. $p \to \sim(u \lor v)$
6. $t \land s \to v \lor u$
7. $s \land t \to v \lor u$ COM (6)
8. $r \to v \lor u$ SH (3,7)
9. $p \to v \lor u$ SH (2,8)
10. $p \to u \lor v$ COM (9)
11. $q \to v \lor u$ SH (4,7)
12. $(v \lor u) \lor (v \lor u)$ DC (9,11,1)
13. $v \lor u$ ID (12)
14. $u \lor v$ COM(13)
15. $\sim p$ MT (5,14)
16. q SD (1,15)   cqd.

11. Verificar a validade das premissas

1. $x = y \to x \geq y$
2. $(x = y \to y = 1) \to x = 1$
3. $y = 1 \leftrightarrow x \geq y$
4. $x = 1 \lor x.y = 0 \to y = 1$
∴ $\sim (x < y \land x = 0)$

Chamando:

p: $x = y$; q: $x \geq y$; r: $y = 1$; s: $x = 1$; t: $x.y = 0$; u: $x = 0$

Temos:

$p \to q$, $(p \to r) \to s$, $r \leftrightarrow q$, $s \lor t \to r \vdash \sim (\sim q \land u)$

1. $p \to q$
2. $(p \to r) \to s$
3. $r \leftrightarrow q$
4. $s \lor t \to r$
5. $(r \to q) \land (q \to r)$ BIC (3)
6. $q \to r$ S (5)
7. $p \to r$ SH (1,6)
8. s MP (2,7)
9. $s \lor t$ A (8)
10. r MP (4,9)
11. $r \to q$ S (5)
12. q MP (11,10)
13. $q \lor \sim u$ A (12)
14. $\sim (\sim q \land u)$ DM (13)   cqd.

12. Verificar a validade das premissas

1. $y \neq 0 \land y \geq 1$
2. $y \leq 1 \to y < 1 \lor y = 0$

3. $x = 1 \lor x > 3$
4. $x > 3 \to x \neq y$
5. $x = 1 \to x \neq y$
∴ $\sim (x = y \lor y \leq 1)$

Chamando:

p: $y \neq 0$; q: $y \geq 1$; r: $y \leq 1$; s: $x = 1$; t: $x > 3$; u: $x \neq y$

Temos:

$p \land q, r \to \sim q \lor \sim p, s \lor t, t \to u, s \to u \vdash \sim (\sim u \lor r)$
$p \land q$

1. $r \to \sim q \lor \sim p$
2. $s \lor t$
3. $t \to u$
4. $s \to u$
5. $r \to \sim(q \land p)$ DM (2)
6. $q \land p$ COM (1)
7. $\sim r$ MT (6,7)
8. $u \lor u$ DC (5,4,3)
9. u ID (9)
10. $u \land \sim r$ CONJ (7,8)
11. $\sim (\sim u \lor r)$ DM (11)   cqd.

13. Verificar a validade das premissas

$p \lor (q \land s), p \lor q \to r \vdash p \lor r$

1. $p \lor (q \land s)$
2. $p \lor q \to r$
3. $(p \lor q) \land (p \lor s)$ DIST (1)
4. $p \lor q$ S (3)
5. r MP (2,4)
6. $p \lor r$ A (5)   cqd.

14. Se Rodrigo briga com Roberto, então Roberto briga com Rosa.

Se Roberto briga com Rosa, então Rosa vai conversar com Ruth
Se Rosa vai conversar com Ruth, então Renato briga com Rosa.
Ora, Renato não briga com Rosa. Logo:

a. Rosa não vai conversar com Ruth e Roberto briga com Rosa.

b. Rosa vai conversar com Ruth e Roberto briga com Rosa.

c. Roberto não briga com Rosa e Rodrigo não briga com Roberto.

d. Roberto briga com Rosa e Rodrigo briga com Roberto.

e. Roberto não briga com Rosa e Rodrigo briga com Roberto.

Chamando:

Rodrigo briga com Roberto. : p
Roberto briga com Rosa. : q
Rosa vai conversar com Ruth. : r
Renato briga com Rosa. : s

1. p → q
2. q → r
3. r → s
4. ~ s
5. ~ r   MT (3,4)   Rosa não vai conversar com Ruth.
6. ~ q   MT (2,5)   Roberto não briga com Rosa.
7. ~ p   MT (1,6)   Rodrigo não briga com Roberto.

Portanto, alternativa (c) Roberto não briga com Rosa e Rodrigo não briga com Roberto.

CAPÍTULO 6

Verificar utilizando as Equivalências Notáveis e as Regras de Inferência se as proposições abaixo são inconsistentes (construir o fluxograma).

1. 1. $x = 0 \land y > z$
2. $y > z \rightarrow z \geq y$
3. $x < y \rightarrow x \neq 0$
4. $x < y \lor z < y$

Chamando:

p: $x = 0$; q: $y > z$; r: $x < y$
$p \land q$

1. $q \rightarrow \sim q$
2. $r \rightarrow \sim p$
3. $r \lor q$
4. p S (1)
5. $\sim r$ MT (3,5)
6. q   SD (4,6)
7. $\sim q$ MP (2,7)
8. $q \land \sim q$ CONJ (7,8)

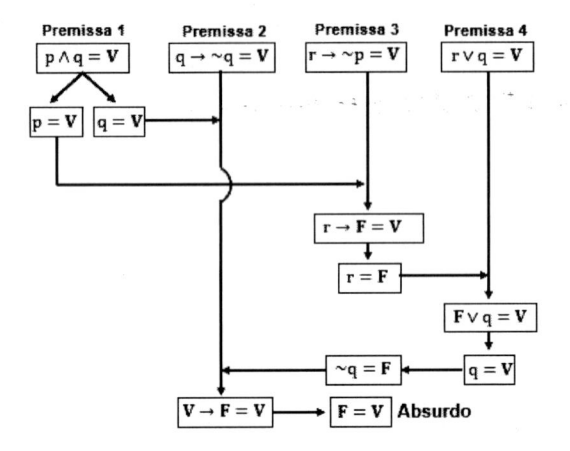

Absurdo.

```
Premissa 1      Premissa 2       Premissa 3      Premissa 4
 p∧q=V           q → ~q = V       r → ~p = V      r ∨ q = V
  ↓                 ↓                ↓               ↓
 p=V  q=V
                                  r → F = V
                                     ↓
                                   r = F
                                                  F ∨ q = V
                                                     ↓
                                   ~q = F         q = V
                  V → F = V        F = V  Absurdo
```

2. 1. $x = 1 \to x < z$

2. $y < z \to x < z$
3. $(x = 1 \lor y < z) \land x \geq z$

Chamando:

p: $x = 1$; q: $x < z$; r: $y < z$

1. $p \to q$
2. $r \to q$
3. $(p \lor r) \land \sim q$
4. $\sim q$ S (3)
5. $\sim p$ MT (1,4)
6. $\sim r$ MT (2,4)
7. $p \lor r$ S (3)
8. r SD (7,5)
9. $r \land \sim r$ CONJ (8,6)

Absurdo.

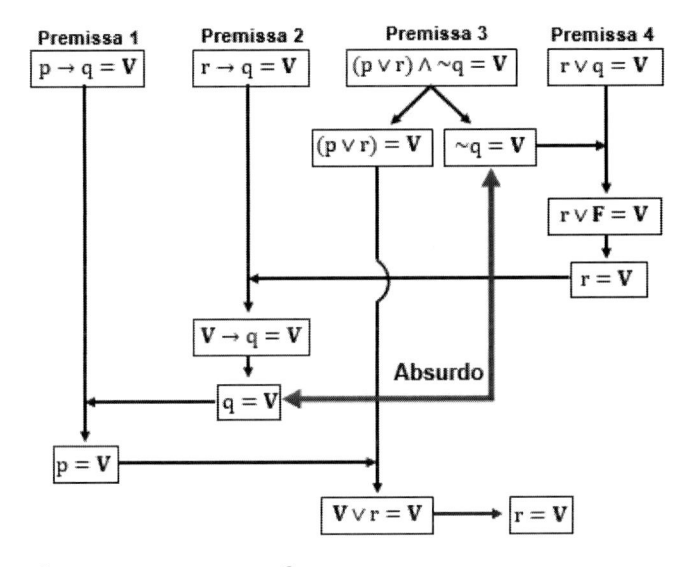

```
Premissa 1      Premissa 2        Premissa 3           Premissa 4
 p → q = V       r → q = V      (p ∨ r) ∧ ~q = V        r ∨ q = V

                              (p ∨ r) = V    ~q = V

                                                        r ∨ F = V

                                                          r = V

                  V → q = V
                                    Absurdo
                    q = V

   p = V

                              V ∨ r = V  ───▶   r = V
```

3.   1. $x + y = x \rightarrow y \leq 0$

2. $y > 0 \wedge x = y$
3. $x = y \leftrightarrow x + y = x$

Chamando:

p: $x + y = x$; q: $y \leq 0$; r: $x = y$

1. $p \rightarrow q$
2. $\sim q \wedge r$
3. $r \leftrightarrow p$
4. $(r \rightarrow p) \wedge (p \rightarrow r)$ BIC (3)
5. $r \rightarrow p$ S (4)
6. r S (2)
7. p MP (5,6)
8. $\sim q$ S (2)
9. $\sim p$ MT (1,8)
10. $p \wedge \sim p$ CONJ (7,9)

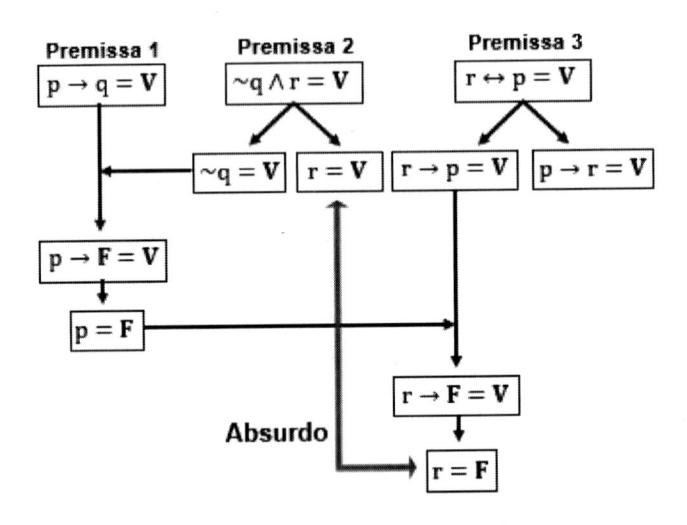

Absurdo.

```
   Premissa 1          Premissa 2              Premissa 3
   ┌─────────┐         ┌─────────┐             ┌─────────┐
   │ p → q = V│        │ ~q ∧ r = V│           │ r ↔ p = V│
   └────┬────┘         └────┬────┘             └────┬────┘
        │              ┌────┴────┐             ┌────┴────┐
        │           ~q=V      r=V          r→p=V      p→r=V
        │                      │             │
   ┌────┴────┐                 │             │
   │ p → F = V│                │             │
   └────┬────┘                 │             │
        │                      │             │
   ┌────┴────┐                 │             │
   │  p = F  │─────────────────┼─────────────┘
   └─────────┘                 │
                               │           ┌─────────┐
                               │           │ r → F = V│
                           Absurdo         └────┬────┘
                                                │
                                           ┌────┴────┐
                                           │  r = F  │
                                           └─────────┘
```

4.   1. ~ (x ≠ 0 ∨ x < y)

2. x = 0 → x < 1
3. x < y ∨ x ≥ 1

Chamando:

p: x ≠ 0 ; q: x < y; r: x < 1
~ (p ∨ q)

1. ~ p → r
2. q ∨ ~ r
3. ~ p ∧ ~ q   DM (1)
4. ~ p   S (4)
5. r   MP (2,5)
6. q   SD (3,6)
7. ~ q   S (4)
8. q ∧ ~ q   CONJ (7,8)

Absurdo.

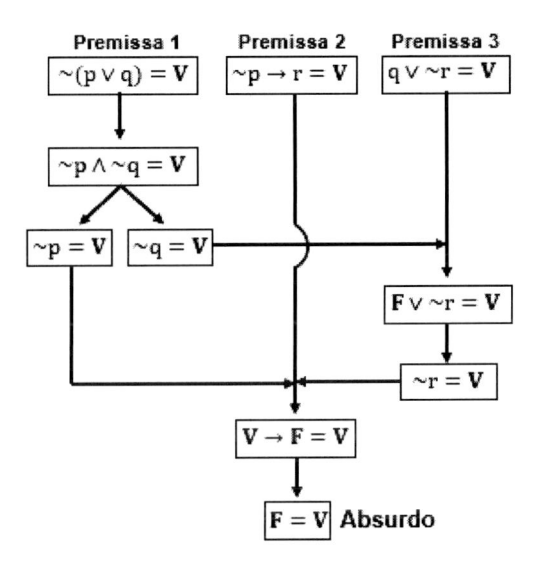

```
        Premissa 1        Premissa 2       Premissa 3
        ~(p ∨ q) = V      ~p → r = V       q ∨ ~r = V
               │                │                │
               ▼                │                │
          ~p ∧ ~q = V           │                │
           ╱      ╲             │                │
          ▼        ▼            │                │
       ~p = V   ~q = V          │                │
          │                     │                │
          │                     │          F ∨ ~r = V
          │                     │                │
          │                     │           ~r = V
          │                     │                │
          │                     ▼◄───────────────┘
          └──────────────►  V → F = V
                                │
                                ▼
                             F = V  Absurdo
```

Verificar a validade dos seguintes argumentos:

5. p → ~ s , s , ~ p → q ∧ r ⊢ q ∧ r

    1. p → ~ s
    2. s
    3. ~ p → q ∧ r
    4. ~ p   MT (1,2)
    5. q ∧ r   MP (3,4) cqd.

6. q → r , ~ q → p , ~ r ⊢ p

    1. q → r
    2. ~ q → p
    3. ~ r
    4. ~ q   MT (1,3)
    5. p   MP (2,4) cqd.

7. $(p \land \sim t) \to \sim r, q \to r, q \land s \vdash \sim (\sim t \land p)$
   1. $(p \land \sim t) \to \sim r$
   2. $q \to r$
   3. $q \land s$
   4. q S (3)
   5. r MP (2,4)
   6. $\sim(p \land \sim t)$ MT (1,5)
   7. $\sim(\sim t \land p)$ COM (6)   cqd.

8. $\sim p \lor \sim s, \sim q \to p, q \to \sim r, r \vdash \sim s$
   1. $\sim p \lor \sim s$
   2. $\sim q \to p$
   3. $q \to \sim r$
   4. r
   5. $\sim q$ MT (3,4)
   6. p MP (2,5)
   7. $\sim s$ SD (1,6)   cqd.

9. $\sim(p \land s), \sim s \to q, \sim p \to q, r \to \sim q \vdash \sim r$
   1. $\sim(p \land s)$
   2. $\sim s \to q$
   3. $\sim p \to q$
   4. $r \to \sim q$
   5. $\sim p \lor \sim s$ DM (1)
   6. $q \lor q$ DC (3,2,5)
   7. q ID (6)
   8. $\sim r$ MT (4,7) cqd.

10. $p \to \sim q, (p \land r) \lor t, t \to s \lor u, \sim s \land \sim u \vdash \sim q$
    1. $p \to \sim q$
    2. $(p \land r) \lor t$
    3. $t \to s \lor u$
    4. $\sim s \land \sim u$
    5. $\sim(s \lor u)$ DM (4)

6. ~t   MT (3,5)
7. p ∧ r   SD (2,6)
8. p   S (7)
9. ~q   MP (1,8) cqd.

11. ~ (p ∨ ~ q) , p ∨ s , q → r , s ∧ r → t ∧ r ⊢ r ∧ t
1. ~ (p ∨ ~ q)
2. p ∨ s
3. q → r
4. s ∧ r → t ∧ r
5. ~p ∧ q   DM (1)
6. q   S (5)
7. r   MP (3,6)
8. ~p   S (5)
9. s   SD (2,8)
10. s ∧ r   CONJ (9,7)
11. t ∧ r   MP (4,10)
12. r ∧ t   COM (11) cqd.

12. (q → r) ∨ p , ~ p ⊢ q → r
1. (q → r) ∨ p
2. ~p
3. q → r   SD (1,2) cqd.

13. r → q , ~ (p ∨ q) , p ∨ r ⊢ ~ q
1. r → q
2. ~ (p ∨ q)
3. p ∨ r
4. ~p ∧ ~q   DM (2)
5. ~p   S (4)
6. r   SD (3,5)
7. q   MP (1,6)
8. ~q   S (4)
9. q ∧ ~q   CONJ (7,8) Argumento Falho.

14. $p \to s, p \land s \to q \lor r, q \lor r \to \sim t, (p \to \sim t) \to u \vdash u$

1. $p \to s$
2. $p \land s \to q \lor r$
3. $q \lor r \to \sim t$
4. $(p \to \sim t) \to u$
5. $p \land s \to \sim t$ SH (2,3)
6. $p \to (p \land s)$ RA (1)
7. $p \to \sim t$ SH (6,5)
8. u MP (4,7) cqd.

15. $\sim(p \lor s), \sim s \to q, \sim q \lor r, \sim p \to \sim r \vdash \sim q$

1. $\sim(p \lor s)$
2. $\sim s \to q$
3. $\sim q \lor r$
4. $\sim p \to \sim r$
5. $\sim p \land \sim s$ DM (1)
6. $\sim p$ S (5)
7. $\sim s$ S (5)
8. $\sim r$ MP (4,6)
9. q MP (2,7)
10. $\sim q$ SD (3,8)
11. $q \land \sim q$ CONJ (9,10) Argumento Falho.

16. $(p \to s) \lor (q \land r), \sim s \vdash \sim p \lor r$

1. $(p \to s) \lor (q \land r)$
2. $\sim s$
3. $(\sim p \lor s) \lor (q \land r)$ COND (1)
4. $((\sim p \lor s) \lor q) \land ((\sim p \lor s) \lor s)$ DIST (3)
5. $(\sim p \lor s) \lor s$ S (4)
6. $\sim p \lor s$ SD (5,2)
7. $\sim p$ SD (6,2)
8. $\sim p \lor r$ A (7)   cqd.

17. q ∨ ~ r , ~ (r → p) , q → p ⊢ p
1. q ∨ ~ r
2. ~ (r → p)
3. q → p
4. ~ (~ r ∨ p)   COND (2)
5. r ∧ ~ p   DM (4)
6. r   S (5)
7. q   SD (1,6)
8. p   MP (3,7)   cqd.

18. p ∨ (s ∧ q) , p ∨ q → r ∧ t ⊢ r
1. p ∨ (s ∧ q)
2. p ∨ q → r ∧ t
3. (p ∨ s) ∧ (p ∨ q) DIST (1)
4. p ∨ q   S (3)
5. r ∧ t   MP (2,4)
6. r   S (5)   cqd.

19. ~ (p ∨ s) , ~ s → q , ~ q ∨ r , ~ p → ~ r ⊢ r
1. ~ (p ∨ s)
2. ~ s → q
3. ~ q ∨ r
4. ~ p → ~ r
5. ~ p ∧ ~ s   DM (1)
6. ~ p   S (5)
7. ~ s   S (5)
8. q   MP (2,7)
9. ~ r   MP (4,6)
10. r   SD (3,8)
11. r ∧ ~ r   CONJ (10,9) Argumento Falho.

20. p → s, s ∨ q → r, ~r ⊢ ~p
 1. p → s
 2. s ∨ q → r
 3. ~r
 4. ~(s ∨ q)   MT (2,3)
 5. ~s ∧ ~q   DM (4)
 6. ~s   S (5)
 7. ~p   MT (1,6)   cqd.

CAPÍTULO 7

1. Verificar a validade do argumento, utilizando a prova Condicional

a. $(q \vee \sim p) \vee r, \sim q \vee (p \wedge \sim q) \vdash p \rightarrow r$

1. $(q \vee \sim p) \vee r$
2. $\sim q \vee (p \wedge \sim q)$
3. p PA
4. $(\sim q \vee p) \wedge (\sim q \vee \sim q)$ DIST (2)
5. $\sim q \vee \sim q$ S (4)
6. $\sim q$ ID (5)
7. $q \vee (\sim p \vee r)$ ASSOC (1)
8. $\sim p \vee r$ SD (7,6)
9. r SD (8,3)   cqd.

b. $p \wedge q \rightarrow \sim s, s \vee (r \wedge t), p \leftrightarrow q \vdash p \rightarrow r$

1. $p \wedge q \rightarrow \sim s$
2. $s \vee (r \wedge t)$
3. $p \leftrightarrow q$
4. p PA
5. $(p \rightarrow q) \wedge (q \rightarrow p)$ BIC (3)
6. $p \rightarrow q$ S (5)
7. q MP (6,4)
8. $p \wedge q$ CONJ (4,7)
9. $\sim s$ MP (1,8)
10. $r \wedge t$ SD (2,9)
11. r S (10)   cqd.

c. p → q, q ↔ r, t ∨ (s ∧ ~r) ⊢ p → t

1. p → q
2. q ↔ r
3. t ∨ (s ∧ ~r)
4. p   PA
5. (q → r) ∧ (r → q)   BIC (2)
6. q → r   S (5)
7. q   MP (1,4)
8. r   MP (6,7)
9. (t ∨ s) ∧ (t ∨ ~r)   DIST (3)
10. t ∨ ~r   S (9)
11. t   SD (10,8)   cqd.

CAPÍTULO 8

1. Verificar a validade do argumento, utilizando a prova por redução ao Absurdo.

   a. $(q \lor \sim p) \lor r, \sim q \lor (p \land \sim q) \vdash p \to r$

   1. $(q \lor \sim p) \lor r$
   2. $\sim q \lor (p \land \sim q)$
   3. p PA-1
   4. $\sim r$ PA-2
   5. $(\sim q \lor p) \land (\sim q \lor \sim q)$ DIST (2)
   6. $\sim q \lor \sim q$ S (5)
   7. $\sim q$ ID (6)
   8. $q \lor (\sim p \lor r)$ ASSOC (1)
   9. $\sim p \lor r$ SD (8,7)
   10. $\sim p$ SD (9,4)
   11. $p \land \sim p$ CONJ (3,10)

   Absurdo.
   Portanto, argumento válido.

   b. $p \land q \to \sim s, s \lor (r \land t), p \leftrightarrow q \vdash p \to r$

   1. $p \land q \to \sim s$
   2. $s \lor (r \land t)$
   3. $p \leftrightarrow q$
   4. p PA-1
   5. $\sim r$ PA-2
   6. $(p \to q) \land (q \to p)$ BIC (3)
   7. $p \to q$ S (6)
   8. q MP (7,4)
   9. $p \land q$ CONJ (4,8)
   10. $\sim s$ MP (1,9)
   11. $r \land t$ SD (2,10)

12. r   S (11)
13. r ∧ ~ r   CONJ (12,5)

Absurdo.
Portanto, argumento válido.

c. p → q , q ↔ r , t ∨ (s ∧ ~ r) ⊢ p → t

1. p → q
2. q ↔ r
3. t ∨ (s ∧ ~ r)
4. p   PA-1
5. ~ t   PA-2
6. (q → r) ∧ (r → q)   BIC (2)
7. q → r   S (6)
8. q   MP (1,4)
9. r   MP (8,7)
10. (t ∨ s) ∧ (t ∨ ~ r)   DIST (3)
11. t ∨ ~ r   S (10)
12. ~ r   SD (11,5)
13. r ∧ ~ r   CONJ (9,12)

Absurdo.
Portanto, argumento válido.

CAPÍTULO 9

1. Determinar o conjunto verdade das seguintes sentenças abertas, sendo

   A = {0,1,3,4,7,9,11,13,15}

   a. $3 \leq x < 9$ V = {3,4,7}
   b. $x^2 \in A$ V = {0,1,3}
   c. $x^3 - 4x^2 = 0$ V = {0,4}
   d. $|2x + 5| < 15$ V = {0,1,3,4}
   e. $x^2 < 81$ V = {0,1,3,4,7}
   f. x é divisor de 30   V = {1,3,15}
   g. $x^2 + 1 \in A$ V = {0}

2. Determinar o conjunto verdade em N das seguintes sentenças abertas

   a. $2x = 8$ V = {4}
   b. $x - 7 \in N$ V = {8,9,10,11,........}
   c. $x^2 - 3x = 0$ V = {3}
   d. $x - 1 < 5$ V = {1,2,3,4,5}
   e. $x^2 - 6x + 8 = 0$ V = {2,4}
   f. $x^2 - 8x + 15 = 0$ V = {3,5}

3. Determinar o conjunto verdade em Z de cada uma das seguintes sentenças abertas

   a. $|2x - 1| = 7$ V= $\{-3,4\}$
   b. $2x^2 + 8x = 0$ V= $\{0,-4\}$
   c. $x^2 - 7x + 12 = 0$ V= $\{3,4\}$
   d. $3x^2 - 27 = 0$ V= $\{-3,3\}$
   e. $x^2 \leq 9$ V= $\{-3,-2,-1,0,1,2,3\}$
   f. $x^2 - 16 = 0$ V= $\{-4,4\}$

4. Determinar o conjunto verdade em R das seguintes sentenças abertas

   a. $x^3 + |4x| = 0$ V= $\{-2,0\}$
   b. $x^2 - 7|x| + 10 = 0$ V= $\{-5,-2,2,5\}$
   c. $|4x - 3| = 2x + 3$ V= $\{0,3\}$
   d. $|x^2 - x - 8| = x + 7$ V= $\{-3,5\}$
   e. $|x|^2 + |x| - 12 = 0$ V= $\{-3,3\}$
   f. $|2x - 2| = 2x - 2$ V= $\{x \in R \text{ ç } x \geq 2\}$
   g. $|x - 1| = x - 1$ V= $\{x \in R \text{ ç } x \geq 1\}$

5. Sendo o conjunto A = $\{1,2,3,4,5,6,7,8,9\}$ determinar o valor lógico das seguintes proposições

   a. $(\exists x \in A)(x + 1 = 12)$ FALSO
   b. $(\forall x \in A)(x + 2 < 9)$ FALSO
   c. $(\exists x \in A)(x + 3 < 7)$ VERDADE
   d. $(\forall x \in A)(x + 4 \leq 9)$ FALSO

e. $(\exists\, x \in A)\,(3^x = 243)$ VERDADE

f. $(\exists\, x \in A)\,(x^2 - 2x = 8)$ VERDADE

6. Negar as proposições do exercício anterior

  a. $(\forall\, x \in A)\,(x + 1 \neq 12)$ VERDADE

  b. $(\exists\, x \in A)\,(x + 2 \geq 9)$ VERDADE

  c. $(\forall\, x \in A)\,(x + 3 \geq 7)$ FALSO

  d. $(\exists\, x \in A)\,(x + 4 > 9)$ VERDADE

  e. $(\forall\, x \in A)\,(3^x \neq 243)$ FALSO

  f. $(\forall\, x \in A)\,(x^2 - 2x \neq 8)$ FALSO

7. Sendo R o conjunto dos reais determinar o valor lógico das seguintes proposições

  a. $(\exists\, x \in R)\,(x = 2x)$ VERDADE

  b. $(\exists\, x \in R)\,(x^2 - 6x = -8)$ VERDADE

  c. $(\exists\, x \in R)\,(x^2 + 12 = 7x)$ VERDADE

  d. $(\forall\, x \in R)\,(x + 3x = 4x)$ VERDADE

  e. $(\forall\, x \in R)\,(x^2 + 1 > 0)$ VERDADE

  f. $(\exists\, x \in R)\,(x^2 + 4 = 0)$ FALSO

  g. $(\exists\, x \in R)\,(3x - 4 = 1 - 2x)$ VERDADE

  h. $(\forall\, x \in R)\,(x^2 + 15 = 8x)$ FALSO

  i. $(\exists\, x \in R)\,(3x^2 - 2x - 1 = 0)$ VERDADE

  j. $(\exists\, x \in R)\,(3x^2 - 2x + 1 = 0)$ FALSO

  k. $(\forall\, x \subset R)\,((x + 3)^2 = x^2 + 6x + 9)$ VERDADE

8. Negação das proposições do exercício anterior

   a. $(\forall x \in R)(x \neq 2x)$ FALSO
   b. $(\forall x \in R)(x^2 - 6x \neq -8)$ FALSO
   c. $(\forall x \in R)(x^2 + 12 \neq 7x)$ FALSO
   d. $(\exists x \in R)(x + 3x \neq 4x)$ FALSO
   e. $(\exists x \in R)(x^2 + 1 \leq 0)$ FALSO
   f. $(\forall x \in R)(x^2 + 4 \neq 0)$ VERDADE
   g. $(\forall x \in R)(3x - 4 \neq 1 - 2x)$ FALSO
   h. $(\exists x \in R)(x^2 + 15 \neq 8x)$ VERDADE
   i. $(\forall x \in R)(3x^2 - 2x - 1 \neq 0)$ FALSO
   j. $(\forall x \in R)(3x^2 - 2x + 1 \neq 0)$ VERDADE
   k. $(\exists x \in R)((x + 3)^2 \neq x^2 + 6x + 9)$ FALSO

9. Sendo $A = \{1,2,3\}$ determinar o valor lógico das seguintes proposições

   a. $(\exists x \in A)(x^2 + x - 6 = 0)$ VERDADE
   b. $(\exists y \in A)(\sim(y^2 + y = 6))$ VERDADE
   c. $(\exists x \in A)(x^2 + 3x = 0)$ FALSO
   d. $(\forall z \in A)(z^2 + 3z \neq 1)$ VERDADE
   e. $(\forall x \in A)((x + 1)^2 = x^2 + 1)$ FALSO
   f. $(\exists x \in A)(x^3 - x^2 - 10x - 8 = 0)$ FALSO
   g. $(\forall x \in A)(x^4 - 4x^3 - 7x^2 - 50x = 24)$ FALSO

10. Negação das proposições do exercício anterior

a. $(\forall x \in A)(x^2 + x - 6 \neq 0)$ FALSO
b. $(\forall y \in A)(\sim (y^2 + y \neq 6))$ FALSO
c. $(\forall x \in A)(x^2 + 3x \neq 0)$ VERDADE
d. $(\exists z \in A)(z^2 + 3z = 1)$ FALSO
e. $(\exists x \in A)((x+1)^2 \neq x^2 + 1)$ VERDADE
f. $(\forall x \in A)(x^3 - x^2 - 10x - 8 \neq 0)$ VERDADE
g. $(\exists x \in A)(x^4 - 4x^3 - 7x^2 - 50x \neq 24)$ VERDADE

11. Determinar o conjunto verdade em $A = \{1, 3, 5, 7, 9, 10, 11\}$ de cada uma das seguintes sentenças abertas

a. $(x + 1) \in A$ $V = \{9, 10\}$
b. $x + 1$ é ímpar $V = \{10\}$
c. $x + 2$ é primo $V = \{1, 3, 5, 9\}$
d. $x^2 - 7x + 10 = 0$ $V = \{5\}$

12. Sendo o conjunto $\{1,2,3,4\}$ o universo das variáveis x e y determinar o valor lógico de cada uma das seguintes proposições

a. $(\exists x)(\forall y)(x^2 < y + 2)$ VERDADE
b. $(\forall x)(\exists y)(x^2 + y^2 < 10)$ FALSO
c. $(\forall x)(\forall y)(x^2 + 2y < 12)$ FALSO
d. $(\exists x)(\forall y)(x^2 + 2y < 12)$ VERDADE
e. $(\forall x)(\exists y)(x^2 + 2y < 12)$ FALSO
f. $(\exists x)(\exists y)(x^2 + 2y < 12)$ VERDADE

13. Sendo A = {1,2,3} determinar o valor lógico de cada uma das seguintes proposições

    a. ($\forall$ x $\in$ A) (x + 3 < 8)　　　VERDADE
    b. ($\exists$ x $\in$ A) (x + 3 < 8)　　　VERDADE
    c. ($\forall$ x $\in$ A) (x^2 – 10 $\leq$ 6)　　VERDADE
    d. ($\exists$ x $\in$ A) ($2x^2$+x = 21)　　VERDADE

14. Negar as proposições do exercício anterior

    a. ($\exists$ x $\in$ A) (x + 3 $\geq$ 8)　　　FALSO
    b. ($\forall$ x $\in$ A) (x + 3 $\geq$ 8)　　　FALSO
    c. ($\exists$ x $\in$ A) (x^2 – 10 > 6)　　FALSO
    d. ($\forall$ x $\in$ A) ($2x^2$+x $\neq$ 21)　　FALSO

15. Sendo R o conjunto dos números reais determinar o valor lógico de cada uma das seguintes proposições

    a. ($\forall$ y $\in$ R) ($\exists$ x $\in$ R) (x + y = x)　　FALSO
    b. ($\forall$ x $\in$ R) ($\exists$ y $\in$ R) (x + y = 0)　　VERDADE
    c. ($\forall$ x $\in$ R) ($\exists$ y $\in$ R) (x . y = 1)　　FALSO
    d. ($\forall$ y $\in$ R) ($\exists$ x $\in$ R) (x < y)　　VERDADE

16. Negar as proposições do exercício anterior

    a. ($\exists$ y $\in$ R) ($\forall$ x $\in$ R) (x + y $\neq$ x)　　VERDADE
    b. ($\exists$ x $\in$ R) ($\forall$ y $\in$ R) (x + y $\neq$ 0)　　FALSO
    c. ($\exists$ x $\in$ R) ($\forall$ y $\in$ R) (x . y $\neq$ 1)　　VERDADE
    d. ($\exists$ y $\in$ R) ($\forall$ x $\in$ R) (x $\geq$ y)　　FALSO

17. Sendo A = $\{1,2,3,4,5,6,7,8,9\}$ determinar o valor lógico das proposições

  a. $(\forall x \in A)(\exists y \in A)(x + y < 10)$ FALSO
  b. $(\forall x \in A)(\forall y \in A)(x + y < 10)$ FALSO

18. Negar as proposições do exercício anterior

  a. $(\exists x \in A)(\forall y \in A)(x + y \geq 10)$ VERDADE
  b. $(\exists x \in A)(\exists y \in A)(x + y \geq 10)$ VERDADE

19. Determinar o conjunto verdade em A = $\{0, 1, 2, 3, 4, 5, 6, 7\}$ de cada uma das seguintes sentenças abertas compostas

  a. $x \geq 4 \wedge x$ é par   V= $\{4,6\}$
  b. x é ímpar $\wedge\ x - 1 \leq 5$ V= $\{1,3,5\}$
  c. $(x + 3) \in A \wedge (x^2 - 6) \notin A$ V= $\{0,1,2,4\}$
  d. $x^2 - x = 0 \vee x^2 = x$ V= $\{0,1\}$
  e. $x^2 \leq 40 \vee x^2 - 7x + 10 = 0$ V= $\{0,1,2,3,4,5,6\}$
  f. x é primo $\vee (x + 1) \in A$ V= $\{0,1,2,3,4,5,6,7\}$
  g. $x^2 < 25 \vee x$ é par   V= $\{0,1,2,3,4,6\}$
  h. $\sim (x > 6)$ V= $\{0,1,2,3,4,6\}$
  i. $\sim (x$ é par$)$ V= $\{1,3,5,7\}$

20. Determinar o conjunto verdade em A = $\{-5, -4, -3, -2, -1, 0, 1, 2, 3, 4, 5\}$ das seguintes sentenças abertas compostas

a. $x^2 - 6x + 8 < 0 \rightarrow x^2 - 4 = 0$ $V = \{-5,-4,-3,-2,-1,0,1,2\}$
b. $x^2 + 4x + 3 = 0 \rightarrow x^2 - 36 \neq 0$ $V = \{-5,-4,-3,-2,-1,0,1,2,3,4,5\}$
c. $x^2 - 9 = 0 \rightarrow x$ é par $V = \{-5,-4,-2,-1,0,1,2,4,5\}$
d. $x^2 - 3x = 0 \leftrightarrow x^2 - x = 0$ $V = \{-5,-4,-3,-2,-1,0,2,4,5\}$
e. x é par $\leftrightarrow x^2 < 8$ $V = \{-5,-3,-2,0,2,3,5\}$
f. $x^2 > 12 \leftrightarrow x^2 - 7x + 12 = 0$ $V = \{-3,-2,-1,0,1,2,4\}$
g. x é primo $\leftrightarrow (x + 3) \in A$ $V = \{4\}$
h. x é par $\leftrightarrow x^2 - 6x + 8 = 0$ $V = \{-5,-3,-1,1,2,3,4,5\}$

21. Sejam as sentenças abertas em A = $\{1,2,3,4,5,6,7,8,9\}$;

$p_{(x)} : x^2 \notin A$
$q_{(x)} : x$ é par
determinar o conjunto verdade:

a. $V_{(p \rightarrow q)}$ $V = \{1,2,3,4,6,8\}$
b. $V_{(q \rightarrow p)}$ $V = \{1,3,4,5,6,7,8,9\}$
c. $V_{(p \leftrightarrow q)}$ $V = \{1,3,4,6,8\}$
d. $V_{(p \wedge q)}$ $V = \{4,6,8\}$
e. $V_{(p \vee q)}$ $V = \{2,4,5,6,7,8,9\}$
f. $V_{(\sim p)}$ $V = \{1,2,3\}$

22. Sejam as sentenças abertas em R;

$p_{(x)} : x^2 - 7x + 10 = 0$
$q_{(x)} : x^2 - 6x + 8 = 0$
determinar o conjunto verdade:

a. $V_{(p \vee q)}$ $V=\{2,4,5\}$
b. $V_{(p \wedge q)}$ $V=\{2\}$

23. Sejam as sentenças abertas em R;

$p_{(x)} : 2x - 8 \leq 0$
$q_{(x)} : x - 2 \geq 0$
determinar o conjunto verdade:

a. $V_{(p \rightarrow q)}$ $V=\{x \in R \mid x \geq 2\}$
b. $V_{(p \wedge q)}$ $V=\{x \in R \mid 2 \leq x \leq 4\}$

24. Sendo o conjunto $\{1, 2, 3, 4, 5\}$ o universo das variáveis x e y determinar o conjunto verdade das seguintes sentenças abertas

a. $(\exists y)(2x + 3y \leq 10)$ $V=\{1,2\}$
b. $(\forall y)(2x + 3y \leq 20)$ $V=\{1,2\}$
c. $(\forall x)(2x + 3y < 15)$ $V=\{1\}$
d. $(\exists x)(2x + 3y < 10)$ $V=\{1,2\}$
e. $(\exists x)(20 < 2x + 3y)$ $V=\{1,2,3,4,5\}$
f. $(\forall x)(8 < 2x + 3y)$ $V=\{3,4,5\}$

25. Sendo o conjunto $\{1,2,3,4,5,6\}$ o universo das variáveis x e y determinar o valor lógico das proposições

a. $(\exists x)(\forall y)(\sqrt{x} > y)$ FALSO
b. $(\exists x)(\exists y)(\sqrt{x} = y)$ VERDADE
c. $(\forall x)(\exists y)(\sqrt{x} < y)$ VERDADE
d. $(\forall x)(\forall y)(\sqrt{x} < y)$ FALSO
e. $(\exists y)(\exists x)(y = \sqrt{x})$ VERDADE
f. $(\exists x)(\forall y)(y \leq \sqrt{x})$ FALSO
g. $(\exists x)(\forall y)(x + 2y^2 > 2x + y)$ FALSO
h. $(\forall x)(\exists y)(x + 2y^2 > 2x + y)$ VERDADE
i. $(\exists x)(\exists y)(x + 2y^2 > 2x + y)$ VERDADE

26. Sendo R o conjunto dos números reais determinar o valor lógico

a. $(\exists x)(\forall y)(x \cdot y = 0)$ VERDADE
b. $(\forall x)(\forall y)(\exists z)(x \cdot y \cdot z = 1)$ VERDADE
c. $(\forall x)(\forall y)(\exists z)(x \cdot y < z)$ VERDADE
d. $(\forall x)(\forall y)(\exists z)(x + y + z = 0)$ VERDADE

27. Negar os exercícios 25 e 26

EXERCÍCIO 25

a. $(\forall x)(\exists y)(\sqrt{x} \leq y)$ VERDADE
b. $(\forall x)(\forall y)(\sqrt{x} \neq y)$ FALSO
c. $(\exists x)(\forall y)(\sqrt{x}\, y)$ FALSO

d. $(\exists x)(\exists y)(\sqrt{x} \geq y)$ VERDADE
e. $(\forall y)(\forall x)(y \neq \sqrt{x})$ FALSO
f. $(\forall x)(\exists y)(y > \sqrt{x})$ VERDADE
g. $(\forall x)(\exists y)(x + 2y^2 \leq 2x + y)$ VERDADE
h. $(\exists x)(\forall y)(x + 2y^2 \leq 2x + y)$ FALSO
i. $(\forall x)(\forall y)(x + 2y^2 \leq 2x + y)$ FALSO

EXERCÍCIO 26

a. $(\forall x)(\exists y)(x \cdot y \neq 0)$ FALSO
b. $(\exists x)(\exists y)(\forall z)(x \cdot y \cdot z \neq 1)$ FALSO
c. $(\exists x)(\exists y)(\forall z)(x \cdot y \geq z)$ FALSO
d. $(\exists x)(\exists y)(\forall z)(x + y + z \neq 0)$ FALSO

28. (PC Pará 2021) Considere a seguinte sentença: "Se consigo ler 10 páginas de um livro a cada dia, então leio um livro em 10 dias". Uma afirmação logicamente equivalente a essa sentença dada é:

a. "Consigo ler 10 páginas de um livro a cada dia e leio um livro em 10 dias".

b. "Se consigo ler 10 páginas de um livro a cada dia, então não consigo ler um livro em 10 dias".

c. "Se não consigo ler um livro em 10 dias, então não consigo ler 10 páginas de um livro a cada dia".

d. "Consigo ler 10 páginas de um livro a cada dia e não consigo ler um livro em 10 dias". "Se não leio 10 páginas de um livro a cada dia, então não consigo ler um livro em 10 dias".

Resolução
p→q ⇔ ~q→~p.
p: consigo ler 10 páginas de um livro a cada dia
q: leio um livro em 10 dias
Portanto, "Se não consigo ler um livro em 10 dias, então não consigo ler 10
páginas de um livro a cada dia".
Resposta: C

29. (TRT ES – Cespe) Considerando a proposição P: "Se nesse jogo não há juiz, não há jogada fora da lei", julgue os itens A, B e C seguintes, acerca da lógica sentencial.

   a. A negação da proposição P pode ser expressa por "Se nesse jogo há juiz, então há jogada fora da lei".

   b. A proposição P é equivalente a "Se há jogada fora da lei, então nesse jogo há juiz".

   c. A proposição P é equivalente a "Nesse jogo há juiz ou não há jogada fora da lei".

   Resolução
   Consideraremos que:
   P = ~q → ~r ⇔ q ∨ ~r
   onde,
   q: Nesse jogo há juiz
   r: Há jogada fora da lei
   Portanto, alternativa (c).

30. (TRT – CESPE) Proposições são frases que podem ser julgadas como verdadeiras — V — ou falsas — F —, mas não como V e F simultaneamente. As proposições simples são aquelas que não contêm nenhuma

outra proposição como parte delas. As proposições compostas são construídas a partir de outras proposições, usando-se símbolos lógicos, parênteses e colchetes para que se evitem ambiguidades. As proposições são usualmente simbolizadas por letras maiúsculas do alfabeto: A, B, C etc. Uma proposição composta da forma A ∨ B, chamada disjunção, deve ser lida como "A ou B" e tem o valor lógico F, se A e B são F, e V, nos demais casos. Uma proposição composta da forma A ∧ B, chamada conjunção, deve ser lida como "A e B" e tem valor lógico V, se A e B são V, e F, nos demais casos. Além disso, ¬A, que simboliza a negação da proposição A, é V, se A for F, e F, se A for V.

Avalie as afirmações de A a E em verdadeiro ou falso.

a. Considere que uma proposição Q seja composta apenas das proposições simples A e B e cujos valores lógicos V ocorram somente nos casos apresentados na tabela abaixo.

A	B	C
V	F	V
F	F	V

Nessa situação, uma forma simbólica correta para Q é [A ∧ (¬B)] ∨ [(¬A) ∧ (¬B)].

Resolução

(A	∧	~	B)	V	(~	A	∧	~	B)
V	F	F	V	F	F	V	F	F	V
V	V	V	F	V	F	V	F	V	F
F	F	F	V	F	V	F	F	F	V
F	F	V	F	V	V	F	V	V	F

CERTO

b. A sequência de frases a seguir contém exatamente duas proposições.

< A sede do TRT/ES localiza-se no município de Cariacica.
< Por que existem juízes substitutos?
< Ele é um advogado talentoso.
Resolução:
Lembrando que para ser uma proposição, deve ser possível atribuir um valor lógico verdadeiro ou falso.
– A sede do TRT/ES localiza-se no município de Cariacica.
É uma proposição pois é possível atribuir verdadeiro ou falso.
– Por que existem juízes substitutos?
Claramente pergunta não é proposição.
– Ele é um advogado talentoso.
Não é proposição. É a chamada sentença aberta, onde para ser verdadeiro ou falso depende de quem é "ele".
ERRADO

c. A proposição "Carlos é juiz e é muito competente" tem como negação a proposição "Carlos não é juiz nem é muito competente".

Resolução
Considerando:
p: Carlos é juiz
q: Carlos é muito competente
Dessa forma, a proposição pode ser escrita como p ∧q.
Assim, temos:
~(p ∧ q) = ~p v ~q
Assim, a negação de "Carlos é juiz e é muito competente" é "Carlos não é juiz ou não é muito competente".
ERRADO

d. A proposição "A Constituição brasileira é moderna ou precisa ser refeita" será V quando a proposição

"A Constituição brasileira não é moderna nem precisa ser refeita" for F, e vice-versa.
Resolução:
Sejam:
p: A Constituição brasileira é moderna
q: A Constituição brasileira precisa ser refeita
Assim:
"A Constituição brasileira é moderna ou precisa ser refeita" pode ser escrita assim:
p v q . Negando temos:
~(p v q) = ~p ∧ ~q
Que pode ser escrita "A Constituição brasileira não é moderna e nem precisa ser refeita"
CERTO

e. Para todos os possíveis valores lógicos atribuídos às proposições simples A e B, a proposição composta [A ∧ (¬B)] V B tem exatamente 3 valores lógicos V e um F.

Resolução

(A	∧	~	B)	V	B
V	F	F	V	**V**	V
V	V	V	F	**V**	F
F	F	F	V	**V**	V
F	F	V	F	**F**	F

CERTO

31. (TRT – CESPE) Considere que cada uma das proposições seguintes tenha valor lógico V.

I. Tânia estava no escritório ou Jorge foi ao centro da cidade.

II. Manuel declarou o imposto de renda na data correta e Carla não pagou o condomínio.

III. Jorge não foi ao centro da cidade.

A partir dessas proposições, avalie as afirmações A, B e C.
Considerações iniciais
Considerando:
T: Tânia estava no escritório
J: Jorge foi ao centro da cidade
M: Manuel declarou o imposto na data correta
C: Carla pagou condomínio
Resolução

I. T ∨ J = V

II. M ∧ ~C = V

III. ~ J = V

a. "Manuel declarou o imposto de renda na data correta e Jorge foi ao centro da cidade" tem valor lógico V.

Para que M ∧ J = V devemos ter M = V e J = V
ERRADO

b. "Tânia não estava no escritório" tem, obrigatoriamente, valor lógico V.

Como J = F e T V J = V, a proposição T deve ser verdadeira, ou seja, Tania estava no escritório.
ERRADO

c. "Carla pagou o condomínio" tem valor lógico F.

Como M ∧ ~C = V, ~C deve ser Verdadeiro, ou seja, C é Falso.
CERTO

32. (RFB – ESAF). Considere a seguinte proposição: "Se chove ou neva, então o chão fica molhado". Sendo assim, pode-se afirmar que:

a. Se o chão está molhado, então choveu ou nevou.

b. Se o chão está molhado, então choveu e nevou.

c. Se o chão está seco, então choveu ou nevou.

d. Se o chão está seco, então não choveu ou não nevou.

e. Se o chão está seco, então não choveu e não nevou.

Resolução
p = Chove
q = Neva

r = Chão molhado
"Se chove ou neva, então o chão fica molhado":
p $\vee$ q → r $\Leftrightarrow$ ~r → ~ (p $\vee$ q) $\Leftrightarrow$ ~r → ~ p $\wedge$ ~ q ou seja:
"Se o chão está seco, então não choveu e não nevou"
Resposta: D

33. (INSS – CESPE). Proposições são sentenças que podem ser julgadas como verdadeiras ou falsas, mas não admitem ambos os julgamentos. A esse respeito, considere que A represente a proposição simples "É dever do servidor apresentar-se ao trabalho com vestimentas adequadas ao exercício da função", e que B represente a proposição simples "É permitido ao servidor que presta atendimento ao público solicitar dos que o procuram ajuda financeira para realizar o cumprimento de sua missão".

    Considerando as proposições A e B acima, julgue os itens subsequentes, com respeito ao Código de Ética Profissional do Servidor Público Civil do Poder Executivo Federal e às regras inerentes ao raciocínio lógico.

    a. Represente-se por ¬A a proposição composta que é a negação da proposição A, isto é, ¬A é falso quando A é verdadeiro e ¬A é verdadeiro quando A é falso. Desse modo, as proposições "Se ¬A então ¬B" e "Se A então B" têm valores lógicos iguais.

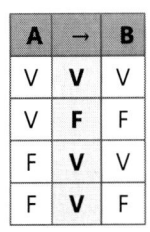

Resolução

A	→	B
V	V	V
V	F	F
F	V	V
F	V	F

(~	A	→	~	B)
F	V	V	F	V
F	V	V	V	F
V	F	F	F	V
V	F	V	V	F

Resposta: Errado

b. Sabe-se que uma proposição na forma "Ou A ou B" tem valor lógico falso quando A e B são ambos falsos; nos demais casos, a proposição é verdadeira. Portanto, a proposição composta "Ou A ou B", em que A e B são as proposições referidas acima, é verdadeira.

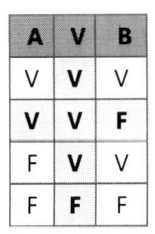

Resolução

A	V	B
V	V	V
V	V	F
F	V	V
F	F	F

Resposta: Certo

c. A proposição composta "Se A então B" é necessariamente verdadeira.

Resolução

A	→	B
V	V	V
V	F	F
F	V	V
F	V	F

Resposta: Errado

34. (FGV/SUDENE/2013) Sabe-se que:

   I. se Mauro não é baiano então Jair é cearense.

   II. se Jair não é cearense então Angélica é pernambucana.

   III. Mauro não é baiano ou Angélica não é pernambucana.

   É necessariamente verdade que:

   a. Mauro não é baiano.
   b. Angélica não é pernambucana.
   c. Jair não é cearense.
   d. Angélica é pernambucana.
   e. Jair é cearense.

   Resolução
   1. ~M → J
   2. ~J → A

3. ~ M v ~ A
4. ~ A → J   CP (2)
5. J V J   DC (1,4,3)
6. J   ID (5)

Portanto, Jair é cearense.
Alternativa (e).

35. (FGV/SUDENE/2013) Não é verdade que "Se o Brasil não acaba com a saúva então a saúva acaba com o Brasil".

Logo, é necessariamente verdade que:

a. "O Brasil não acaba com a saúva e a saúva não acaba com o Brasil."

b. "O Brasil acaba com a saúva e a saúva não acaba com o Brasil."

c. "O Brasil acaba com a saúva e a saúva acaba com o Brasil."

d. "O Brasil não acaba com a saúva ou a saúva não acaba com o Brasil."

e. "O Brasil não acaba com a saúva ou a saúva acaba com o Brasil."

Resolução

1. ~ (~ B → S)
2. ~ (B v S)   COND (1)
3. ~ B ∧ ~ S   DM (2)

O Brasil não acaba com a saúva e a saúva não acaba com o Brasil.
Portanto, alternativa (a).

36. Assinale a alternativa que apresenta a NEGAÇÃO lógica da proposição: "Os 50 primeiros serão atendidos hoje e os demais devem retornar amanhã".

   a. Os 50 primeiros não serão atendidos hoje ou os demais não devem retornar amanhã.

   b. Os 50 primeiros não serão atendidos hoje e os demais não devem retornar amanhã.

   c. Os 50 primeiros serão atendidos hoje ou os demais devem retornar amanhã.

   d. Os 50 primeiros não serão atendidos hoje e os demais devem retornar amanhã.

   e. Os 50 primeiros serão atendidos hoje ou os demais não devem retornar amanhã.

   Resolução

   1. $\sim (H \wedge A)$
   2. $\sim H \vee \sim A$ DM (1)

   Os 50 primeiros não serão atendidos hoje ou os demais não devem retornar amanhã.
   Portanto, alternativa (a).

37. Qual das proposições abaixo é logicamente equivalente à proposição: "Se precisamos ser fortes então vamos nos preparar melhor"?

   a. Se vamos nos preparar melhor então precisamos ser fortes.

   b. Se não vamos nos preparar melhor então precisamos ser fortes.

c. Se não vamos nos preparar melhor então não precisamos ser fortes.

d. Se não precisamos ser fortes então não vamos nos preparar melhor.

e. Se precisamos ser fortes então não vamos nos preparar melhor.

Resolução

1. $F \to M$
2. $\sim M \to \sim F$ CP (1)

Se não vamos nos preparar melhor então não precisamos ser fortes.
Portanto, alternativa (c).

38. (Itaipu Binacional 2006 - FEPESE) Considere o seguinte argumento lógico:

    Se Paula nadar, então ela ficará exausta.
    Se Paula não nadar, então ela pode ficar presa na ilha.
    Se chover na ilha, Paula ficará com frio.
    Paula não ficou presa na ilha.

    Com base nesse argumento, pode-se concluir que:

    a. Paula ficou exausta.
    b. Paula não ficou exausta.
    c. Paula não nadou.
    d. Paula ficou com frio.
    e. Paula não ficou exausta nem nadou.

Resolução

1. N → E
2. ~N → P
3. C → F
4. ~P
5. N   MT (2,4)
6. E   MP (1,5)

Paula ficou exausta.
Portanto, alternativa (a).

39. Se adotássemos como verdadeiro que TODO NÚMERO PRIMO É UM NÚMERO ÍMPAR, poder-se-ia inferir como verdadeiro que:

   a. se um número não é primo, então ele não é ímpar.

   b. se um número não é ímpar, então não é primo.

   c. é necessário que um número seja primo para ser ímpar.

   d. todo número ímpar é número primo.

   e. é suficiente que um número seja ímpar para que ele seja primo.

Resolução

1. P → I
2. ~I → ~ P   CP (1)

se um número não é ímpar, então não é primo.
Portanto, alternativa (b).

40. (Almirante Tamandaré/2015/UFPR) Denotando por ~p a negação da proposição p, qual é a negação lógica da proposição lógica $p \to q$?

a. $p \vee \sim q$.

b. $p \wedge \sim q$.

c. $\sim p \vee q$.

d. $p \wedge q$.

e. $\sim p \wedge q$.

Resolução

1. ~(p→ q)
2. ~(~p v q)
3. p ∧ ~q

Portanto, alternativa (b).

41. (Almirante Tamandaré/2015/UFPR) Qual das proposições abaixo NÃO é uma tautologia?

a. $(p \to q) \wedge \sim q \Rightarrow \sim p$.

b. $(p \vee q) \wedge \sim p \Rightarrow q$.

c. $(p \to q) \wedge p \Rightarrow q$.

d. $p \Rightarrow p \vee q$.

e. $p \vee q \Rightarrow q$.

p	V	q	⇒	q
V	V	V	**V**	V
V	V	F	**F**	F
F	V	V	**V**	V
F	F	F	**V**	F

Alternativa (e).

42. (FUNDATEC - 2022 - Prefeitura de Viamão - RS) Considerando que as sentenças simples "Rosa é professora" e "Márcia é advogada" são falsas, podemos afirmar que a sentença composta verdadeira é a que está indicada na alternativa:

Alternativas

a. Rosa é professora ou Márcia é advogada.

b. Se Rosa é professora, então Márcia é advogada.

c. Rosa é professora e Márcia é advogada.

d. Se Rosa não é professora, então Márcia é advogada.

e. Rosa é professora se, e somente se, Márcia não é advogada.

Resolução

p	~p	q	pvq	P→q	p∧q	~p→q
V	F	V	V	V	V	V
V	F	F	V	F	F	V
F	V	V	V	V	F	V
F	V	F	F	V	F	F

Portanto, alternativa (b).

43. (FUNDATEC - 2022 - Prefeitura de Viamão - RS) Sabendo que é verdadeira a proposição "Patrícia é professora e gosta de matemática", podemos dizer que é falso que:

   a. Patrícia gosta de matemática ou é professora.

   b. Se Patrícia é professora, então gosta de matemática.

   c. Patrícia não é professora ou não gosta de matemática.

   d. Patrícia não é professora se, e somente se, não gosta de matemática.

   e. Se Patrícia não é professora, então gosta de matemática.

Resolução

p	q	~p	~q	p∧q	pvq	p→q	~p↔~q	~p v ~q	~p→q
V	V	F	F	V	V	V	V	F	V
V	F	F	V	F	V	F	F	V	V
F	V	V	F	F	V	V	F	V	V
F	F	V	V	F	F	V	V	V	F

Portanto, alternativa (c).

44. (<u>FUNDATEC - 2022 - Prefeitura de Viamão - RS)</u> A proposição composta que representa uma contradição é a que está indicada na alternativa:

a. (~p ∧ q) → ~p.

b. (p ∧ q) → ~p.

c. (~p ∧ q) ∨ p.

d. ~((p ∧ q) → p).

e. ~(p ∧ q) → ~p.

Resolução

a. tautologia

(~	p	∧	q)	→	~	p
F	V	F	V	**V**	F	V
F	V	F	F	**V**	F	V
V	F	V	V	**V**	V	F
V	F	F	F	**V**	V	F

b. contingência

(p	∧	q)	→	~	p
V	V	V	F	F	V
V	F	F	V	F	V
F	F	V	V	V	F
F	F	F	V	V	F

c. contingência

(~	p	∧	q)	v	p
F	V	F	V	V	V
F	V	F	F	V	V
V	F	V	V	V	F
V	F	F	F	F	F

d. contradição

~	((p	∧	q)	→	p)
F	V	V	V	V	V
F	V	F	F	V	V
F	F	F	V	V	F
F	F	F	F	V	F

e. contingência

~	(p	∧	q)	→	~	p
F	V	V	V	**V**	F	V
V	V	F	F	**F**	F	V
V	F	F	V	**V**	V	F
V	F	F	F	**V**	V	F

Portanto, alternativa (d).

45. (FUNDATEC - 2022 - Prefeitura de Viamão - RS) A proposição composta condicional "Se Marcos gosta de correr, então ele vai participar de uma maratona" é logicamente equivalente à sentença:

a. Marcos não gosta de correr ou ele vai participar de uma maratona.

b. Marcos gosta de correr e ele vai participar de uma maratona.

c. Marcos não gosta de correr e ele não vai participar de uma maratona.

d. Marcos não gosta de correr se, e somente se, ele vai participar de uma maratona.

e. Se Marcos não gosta de correr, então ele não vai participar de uma maratona.

Resolução
p→ q ⇔ ~ p v q Marcos não gosta de correr ou ele vai participar de uma
maratona.
Portanto, alternativa (a).

46. (FUNDATEC - 2022 - Prefeitura de Viamão - RS) Considerando que a proposição composta "Jorge é professor ou é advogado" é falsa, podemos afirmar que a proposição verdadeira está indicada na alternativa:

Alternativas

a. Jorge é professor e não é advogado.
b. Jorge não é professor e é advogado.
c. Se Jorge é professor, então não é advogado.
d. Se Jorge não é professor, então é advogado.
e. Jorge é professor se, e somente se, não é advogado.

Resolução

p	q	~p	~q	Pvq	p∧~q	~p∧q	P→~q	~p→q	p↔~q
V	V	F	F	V	F	F	F	V	F
V	F	F	V	V	V	F	V	V	V
F	V	V	F	V	F	V	V	V	V
F	F	V	V	**F**	F	F	**V**	F	F

Portanto, alternativa (c)
Se Jorge é professor, então não é advogado.

47. (FUNDATEC - 2022 - Prefeitura de Viamão - RS) A proposição composta que representa uma contingência é a que está indicada na alternativa:

Alternativas

a. ~((p ∧ ~p) ↔ (q ∧ ~q))
b. ~p ∨ q ↔ (p → q)
c. p ∧ q) → p
d. ((p ∧ q) → p)
e. (~p ∧ q) ∨ ~p

Resolução

a. Contradição

~(	(p	∧	~	p)	↔	(q	∧	~	q))
F	V	F	F	V	V	V	F	F	V
F	V	F	F	V	V	F	F	V	F
F	F	F	V	F	V	V	F	F	V
F	F	F	V	F	V	F	F	V	F

b. Tautologia

~	p	∨	q	↔	(p	→	q)
F	V	V	V	**V**	V	V	V
F	V	F	F	**V**	V	F	F
V	F	V	V	**V**	F	V	V
V	F	V	F	**V**	F	V	F

c. Tautologia

(p	∧	q)	→	p
V	V	V	**V**	V
V	F	F	**V**	V
F	F	V	**V**	F
F	F	F	**V**	F

d. Tautologia

((p	∧	q)	→	p)
V	V	V	**V**	V
V	F	F	**V**	V
F	F	V	**V**	F
F	F	F	**V**	F

e. Contingente

(~	p	∧	q)	∨	~	p
F	V	F	V	**F**	F	V
F	V	F	F	**F**	F	V
V	F	V	V	**V**	V	F
V	F	F	F	**V**	V	F

Portanto, alternativa (e).

48. (VUNESP - 2022 - PC-SP) Considere N, P, Q, R e T afirmações simples para as afirmações compostas apresentadas a seguir. Considere também o valor lógico atribuído a cada uma das afirmações compostas.

I. Se N, então P. Esta é uma afirmação FALSA.

II. Se Q, então R. Esta é uma afirmação FALSA.

III. Se P, então T. Esta é uma afirmação VERDADEIRA.

A partir dessas informações, é correto concluir que

Alternativas

a. N e R é uma afirmação VERDADEIRA.
b. Se R, então N é uma afirmação FALSA.
c. Se Q, então T é uma afirmação FALSA.
d. Q ou T é uma afirmação VERDADEIRA.
e. P e Q é uma afirmação VERDADEIRA.

Resolução

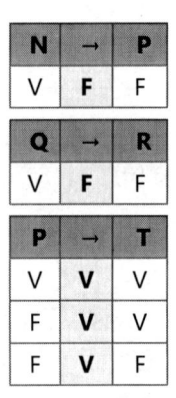

N	→	P
V	F	F

Q	→	R
V	F	F

P	→	T
V	V	V
F	V	V
F	V	F

FALSA

N	∧	R
V	F	F

VERDADE

R	→	N
F	V	V

VERDADE EM DUAS SITUAÇÕES E FALSA EM OUTRA

Q	→	T
V	V	V
V	V	V
V	F	F

VERDADE

Q	∨	T
V	**V**	V
V	**V**	V
V	**V**	F

FALSA

P	∧	Q
F	F	V

Portanto, as alternativas (c) e (d) satisfazem as condições. Questão mal formulada, pois a alternativa (c) tem uma condição que a transforma em falsidade.

49. (UNESP - 2022 - PC-SP) Considere as afirmações:

I. Se Ana é delegada, então Bruno é escrivão.

II. Se Carlos é investigador, então Bruno não é escrivão.

III. Se Denise é papiloscopista, então Eliane é perita criminal.

IV. Se Eliane é perita criminal, então Carlos é investigador.

V. Denise é papiloscopista.

A partir dessas afirmações, é correto concluir que
Alternativas

a. Bruno é escrivão ou Eliane não é perita criminal.
b. Se Denise é papiloscopista, então Ana é delegada.
c. Carlos não é investigador e Ana é delegada.
d. Ana não é delegada ou Bruno é escrivão.
e. Eliane não é perita criminal e Carlos é investigador.

Resolução

1. Ad → Be
2. Ci → ~Be
3. Dp → Ep
4. Ep → Ci
5. Dp
6. Ep   MP (3,5)
7. Ci   MP (4,6)
8. ~Be   MP (2,7)
9. ~ Ad   MT (1,8)
10. ~ Ad v Be A (9)

Portanto, alternativa (d) Ana não é delegada ou Bruno é escrivão.

50. (VUNESP - 2022 - PC-SP) A partir das afirmações:

'Todo estudioso tem muito conhecimento'
'Algumas pessoas que têm muito conhecimento são geniais'

É correto concluir que
Alternativas

a. qualquer estudioso é genial.
b. nenhum genial tem muito conhecimento.
c. todos que tem muito conhecimento são estudiosos.
d. algum genial tem muito conhecimento.
e. todo genial é estudioso.

Resolução

1. $(\forall x)(E(x) \to C(x))$
2. $(\exists x)(C(x) \wedge G(x))$
3. $E(a) \to C(a)$ PU (1)
4. $C(a) \wedge G(a)$ PE (2)
5. $G(a) \wedge C(a)$ COM (4)
6. $(\exists x)(G(x) \wedge C(x))$ GE (5)

Portanto, alternativa (d). algum genial tem muito conhecimento.

51. (FUNDATEC - 2022 - Prefeitura de Viamão - RS) Considerando que a sentença simples "Marcelo gosta de correr" é falsa e a sentença simples "Ângela gosta de fotografia" é verdadeira, podemos afirmar que a sentença composta verdadeira é a que está indicada na alternativa:

Alternativas

a. Marcelo gosta de correr e Ângela gosta de fotografia.
b. Se Marcelo gosta de correr, então Ângela gosta de fotografia.
c. Marcelo gosta de correr e Ângela não gosta de fotografia.
d. Marcelo gosta de correr ou Ângela não gosta de fotografia.
e. Marcelo gosta de correr, se e somente se, Ângela gosta de fotografia.

Resolução
FALSA

M	∧	A
F	**F**	V

VERDADE

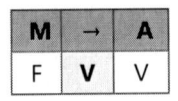

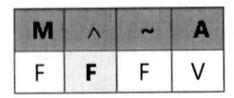

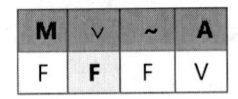

M	→	A
F	**V**	V

FALSA

M	∧	~	A
F	**F**	F	V

FALSA

M	∨	~	A
F	**F**	F	V

FALSA

M	↔	A
F	F	V

Portanto, alternativa (b).
Se Marcelo gosta de correr, então Ângela gosta de fotografia.

52. (FUNDATEC - 2022 - AGERGS) Sabendo que "Existe algum estudante que não gosta de geografia" é uma sentença logicamente falsa, podemos afirmar que é verdade que:

    Alternativas

    a. Todos os estudantes gostam de geografia.
    b. Existe algum estudante que gosta de geografia.
    c. Existe alguém que estuda geografia.
    d. Nenhum estudante gosta de geografia.
    e. Existe alguém que gosta de geografia.

    Resolução ~ $((\exists x) (E(x))) \Leftrightarrow (\forall x) (\sim E(x))$
    Portanto, alternativa (a). Todos os estudantes gostam de geografia.

53. (FUNDATEC - 2022 - AGERGS) Considere as proposições fechadas abaixo indicadas: P: 2 + 2 = 4 Q: 3 + 5 = 7

    Assim, é possível dizer que a proposição fechada verdadeira é a indicada na alternativa:

a. ~P ∧ Q
b. P → Q
c. ~ P → ~Q
d. P ↔ Q
e. ~ P ↔ ~Q

Resolução
FALSA

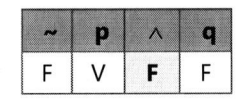

~	p	∧	q
F	V	**F**	F

FALSA

p	→	q
V	**F**	F

VERDADE

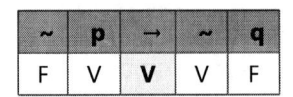

~	p	→	~	q
F	V	**V**	V	F

FALSA

p	↔	q
V	**F**	F

FALSA

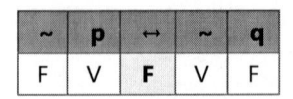

~	p	↔	~	q
F	V	**F**	V	F

Portanto, alternativa (c).

54. (FUNDATEC - 2022 - AGERGS) A sentença abaixo que NÃO é um exemplo de proposição é a indicada na alternativa:

a. Paris é a capital da França.

b. 5 é um número primo.

c. A Lua é uma estrela.

d. Feche a porta do carro.

e. 2+2 = 4.

Resolução: Alternativa (d), pois é a única que não é possível saber o valor lógico V ou F.

55. (FUNDATEC - 2022 - AGERGS) Sabendo que a proposição composta "Mário é auxiliar técnico ou Jair é técnico em informática" é falsa, é possível afirmar que é verdadeira a proposição:

Alternativas

a. Mário é auxiliar técnico.

b. Jair é técnico em informática.

c. Mário não é auxiliar técnico e Jair é técnico em informática.

d. Se Mário não é auxiliar técnico, então Jair não é técnico em informática.

e. Mário não é auxiliar técnico se, e somente se, Jair é técnico em informática.

M	∨	J
V	**V**	V
V	**V**	F
F	**V**	V
F	**F**	**F**

Resolução:

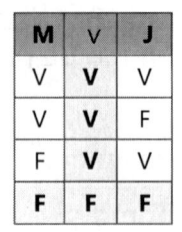

a. FALSA

b. FALSA

c. FALSA

~	M	∧	J
V	F	**F**	F

d. VERDADE

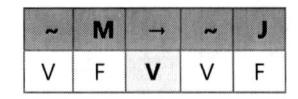

~	M	→	~	J
V	F	**V**	V	F

e. FALSA

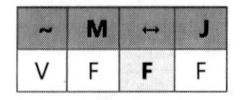

~	M	↔	J
V	F	**F**	F

Portanto, alternativa (d).
Se Mário não é auxiliar técnico, então Jair não é técnico em informática.

56. (FUNDATEC - 2022 - Prefeitura de Restinga Sêca - RS) Supondo que são verdadeiras as seguintes afirmações:

I. Existem advogados que são professores de literatura.

II. Todo professor de literatura gosta de ler.

É possível deduzir, logicamente que:
Alternativas

a. Todo advogado gosta de literatura.

b. Existe advogado que gosta de ler.

c. Todos que gostam de ler são professores de literatura.

d. Todos que são professores de literatura são advogados.

e. Nenhum advogado gosta de ler.

Resolução

1. $(\exists x)(A(x) \wedge P(x))$
2. $(\forall x)(P(x) \rightarrow G(x))$
3. $A(a) \wedge P(a)$ PE (1)
4. $P(a) \rightarrow G(a)$ PU (2)
5. $A(a)$ S (3)
6. $P(a)$ S (3)
7. $G(a)$ MP (4,6)
8. $A(a) \wedge G(a)$ CONJ (5,7)
9. $(\exists x)(A(x) \wedge G(x))$ GE (8)

Portanto, alternativa (b). Existe advogado que gosta de ler.

57. (FUNDATEC - 2022 - Prefeitura de Restinga Sêca - RS) Considere as afirmações que envolvem os quantificadores e, que o universo da variável x é o conjunto dos números reais:

I. $\forall x \in \mathbb{R}, x^2 > 0$

II. $\exists x \in \mathbb{R}, x^2 + 1 = 0$

III. $\exists x \in \mathbb{R}, 4x + 5 < 0$

Em relação às afirmações, é possível dizer que:
Alternativas
Todas são verdadeiras.

a. Todas são falsas.

b. Apenas I é verdadeira.

c. Apenas II é verdadeira.

d. Apenas III é verdadeira.

Resposta: Alternativa (e).

58. (F-PA - 2022 - IF-PA) Em uma questão da prova de Matemática, o professor escreve a seguinte proposição composta: "u → (~r v s)" e afirma possuir o valor lógico falso. Diante dessa informação, os alunos deveriam analisar os seguintes itens:

I. k → (u v s)   II. u ↔ r   III. ~s ↔ k   IV. r → u

Assinale a alternativa que apresenta os itens que os alunos conseguiram identificar com valor lógico verdadeiro.

Alternativas

a. I e II
b. II e III
c. I e III
d. I, II e IV

Resolução

u	¬(	~	r	∨	s)
V	**V**	F	V	V	V
V	**F**	F	V	F	F
V	**V**	V	F	V	V
V	**V**	V	F	V	F
F	**V**	F	V	V	V
F	**F**	F	V	F	F
F	**V**	V	F	V	V
F	**V**	V	F	V	F

Item I

k	¬(	u	∨	s)
?	**V**	V	V	F
?	?	F	F	F

Item II

u	↔	r
V	**V**	V
F	**F**	V

Item III

~	s	↔	k
V	F	?	?
V	F	?	?

Item IV

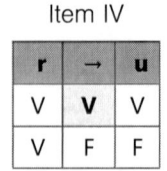

r	→	u
V	**V**	V
V	F	F

Portanto, alternativa (d).

59. (VUNESP - 2022 - AL-SP) Considere a afirmação: "Se Francisco é o diretor ou Ivete é a secretária, então Helena é a presidente."

Essa afirmação é necessariamente FALSA se, de fato:
Alternativas

- **a.** Francisco é o diretor.
- **b.** Francisco é o diretor e Ivete é a secretária e Helena é a presidente.
- **c.** Francisco não é o diretor e Ivete não é a secretária e Helena é a presidente.
- **d.** Ivete não é a secretária e Helena é a presidente.
- **e.** Ivete é a secretária e Helena não é a presidente.

Resolução

F	V	I	→	H
V	V	V	**V**	V
V	V	V	F	F
V	V	F	**V**	V
V	V	F	F	F
F	V	V	**V**	V
F	V	V	F	F
F	F	F	**V**	V
F	F	F	**V**	F

Portanto, alternativa (e). Ivete é a secretária e Helena não é a presidente. No caso de Francisco é indiferente.

60. (FUNDATEC - 2022 - Prefeitura de Restinga Sêca - RS) Dadas as afirmações:

I. Todos os professores da escola de Jorge possuem formação superior.

II. Márcia é professora na escola de Jorge.

Supondo que as afirmações são verdadeiras, é possível afirmar que:
Alternativas

a. Existe algum professor da escola de Jorge que não possui formação superior.

b. Márcia é professora de Jorge.

c. Márcia possui formação superior.

d. Márcia não possui formação superior.

e. Márcia não é professora na escola de Jorge.

Resolução

1. (∀ x) (P(x) → S(x))
2. (∃ x) (P(x))
3. P(a) → S(a)   PU (1)
4. P(a)   PE (2)
5. S(a)   MP (3,4)
6. P(a) ∧ S(a)   CONJ (4,5)
7. (∃ x) (P(x) ∧ S(x))   GE (6)

Portanto, alternativa (c). Márcia possui formação superior.

61. (FGV - 2022 - Prefeitura de Manaus - AM) Considere a afirmação:

"Se o acusado estava no hospital então não é culpado".
É correto concluir que
Alternativas

a. se o acusado não estava no hospital então é culpado.

b. se o acusado é culpado então não estava no hospital.

c. se o acusado não é culpado então não estava no hospital.

d. o acusado estava no hospital e é culpado.

e. o acusado não é culpado e não estava no hospital.

Resolução H → C ⇔ ~ C → ~ H
Portanto, alternativa (c). se o acusado não é culpado então não estava no hospital.

62. **(IBFC - 2022 - EBSERH)** De acordo com o raciocínio lógico proposicional, a negação da frase "O candidato chegou atrasado e não conseguiu fazer a prova", pode ser descrita como:

    Alternativas

    a. O candidato não chegou atrasado e conseguiu fazer a prova

    b. O candidato chegou atrasado ou não conseguiu fazer a prova

    c. O candidato não chegou atrasado ou conseguiu fazer a prova

    d. O candidato não chegou atrasado ou não conseguiu fazer a prova

    e. Se o candidato não chegou atrasado, então conseguiu fazer a prova

    Resolução: $\sim(A \land \sim P) \Leftrightarrow \sim A \lor P$
    Portanto, alternativa (c). O candidato não chegou atrasado ou conseguiu fazer a prova.

63. **(FAUEL - 2022 - Prefeitura de Apucarana - PR)** "Se Amanda fica em casa, então ela prepara um chá de camomila." Assinale a alternativa CORRETA.

    Alternativas

    a. Se Amanda sair de casa, então ela prepara um chá de camomila.

    b. Se Amanda sair de casa, então ela não prepara um chá de camomila.

c. Se Amanda não prepara um chá de camomila, então ela não ficou em casa.

   d. Se Amanda não prepara um chá de camomila, então ela ficou em casa.

   e. Amanda só toma chá de camomila quando ela fica em casa.

   Resolução A → C ⇔ ~ C → ~ A
   Portanto, alternativa (c). Se Amanda não prepara um chá de camomila, então ela não ficou em casa.

64. (FGV - 2022 - SEFAZ-BA) Considere a afirmação:

   "*À noite, todos os gatos são pretos.*"

   Se essa frase é ***falsa***, é correto concluir que:

   a. De dia, todos os gatos são pretos.

   b. À noite, todos os gatos são brancos.

   c. De dia há gatos que não são pretos.

   d. À noite há, pelo menos, um gato que não é preto.

   e. À noite nenhum gato é preto.

   Resolução ~ ((∀ x) (P(x)) ⇔ (∃ x) ~ (P(x))
   Portanto, alternativa (d). À noite há, pelo menos, um gato que não é preto.

65. (CESPE / CEBRASPE – 2022) Considere os conectivos lógicos usuais e assuma que as letras maiúsculas P, Q e R representam proposições lógicas; considere também as primeiras três colunas da tabela-verdade da proposição lógica (P ∧ Q) ∨ R, conforme a seguir.

P	Q	R
V	V	V
V	V	F
V	F	V
V	F	F
F	V	V
F	V	F
F	F	V
F	F	F

A partir dessas informações, infere-se que a última coluna da tabela-verdade, correspondente a (P ∧ Q) ∨ R, apresenta valores V ou F, de cima para baixo, na seguinte sequência
Alternativas

a. V F V F F V V F.
b. V V F F V V V F.
c. V V F V F V F V.
d. V V V F V F V F.
e. V V V V V F F F.

Resolução

(P	∧	Q)	v	R
V	V	V	**V**	V
V	V	V	**V**	F
V	F	F	**V**	V
V	F	F	**F**	F
F	F	V	**V**	V
F	F	V	**F**	F
F	F	F	**V**	V
F	F	F	**F**	F

Portanto, alternativa (d).

66. (FUNDATEC - 2021 - CEASA-RS) Supondo que a afirmação: "Todos os engenheiros são programadores" tem valor-lógico falso, a alternativa logicamente verdadeira é:

Alternativas

a. Nenhum engenheiro é programador.

b. Nenhum programador é engenheiro.

c. Qualquer engenheiro não é programador.

d. Algum programador não é engenheiro.

e. Pelo menos um engenheiro não é programador.

Resolução ~ ((∀ x) (P(x)) ⇔ (∃ x) ~ (P(x))
Portanto, alternativa (e). Pelo menos um engenheiro não é programador.

67. (FUNDATEC - 2021 - CEASA-RS) A negação da sentença: "A fruta é amarela e o tubérculo é branco" é equivalente a sentença da alternativa:

Alternativas

a. A fruta não é amarela e o tubérculo não é branco.
b. A fruta não é amarela ou o tubérculo não é branco.
c. A fruta não é amarela e o tubérculo é branco.
d. A fruta é amarela ou o tubérculo não é branco.
e. A fruta é amarela ou o tubérculo é branco.

Resolução ~(FA ∧ TB) ⇔ ~FA ∨ ~TB
Portanto, alternativa (b). A fruta não é amarela ou o tubérculo não é branco.

68. (Instituto Access – 2022 - Prefeitura de Ouro Branco - MG) Considere duas proposições simples q e p, uma sentença composta φ e a seguinte tabela-verdade:

q	p	φ
V	V	V
F	V	F
V	F	V
F	F	V

Considere agora as seguintes afirmações simbólicas dos membros de uma família:
Mãe: $\varphi = \neg q \rightarrow \neg p$
Pai: $\varphi = \neg p \rightarrow q$
Filho caçula: $\varphi = (\neg p \wedge q) \vee q$
Filho primogênito: $\varphi = \neg p \wedge (p \vee \neg q)$

Aquele(a) que fez a afirmação correta é

Alternativas

a. a mãe.
b. o pai.
c. o filho caçula.
d. o filho primogênito.

Resolução

a. correta

p	q	~p	~q	~q→~p
V	V	F	F	V
V	F	F	V	F
F	V	V	F	V
F	F	V	V	V

b. não correta

p	q	~p	~q	~p→q
V	V	F	F	V
V	F	F	V	V
F	V	V	F	V
F	F	V	V	F

c. não correta

(~	p	∧	q)	∨	q
F	V	F	V	**V**	V
F	V	F	F	**F**	F
V	F	V	V	**V**	V
V	F	F	F	**F**	F

d. não correta

~	p	∧	(p	∨	~	q)
F	V	**F**	V	V	F	V
F	V	**F**	V	V	V	F
V	F	**F**	F	F	F	V
V	F	**V**	F	V	V	F

Portanto, alternativa (a).

69. (Instituto Access - 2022 - Prefeitura de Ouro Branco - MG) Dentre as proposições a seguir, assinale a que é classificada como composta.

Alternativas

a. "José gosta de comer cenoura."

b. "José trabalha e estuda."

c. "Josué é muito inteligente."

d. "Juca estuda no Rio do Janeiro."

Resolução: Alternativa (b). Duas proposições ligadas pelo conectivo "e".

70. (Instituto Access - 2022 - Prefeitura de Ouro Branco - MG) Dentre as proposições abaixo, assinale aquela que é classificada como simples.

Alternativas

a. "Amo minha mãe Maria de Fátima."
b. "Mateus é filho do Beto ou do Golias."
c. "Marina gosta de Batata e Cenoura."
d. "Jussara é educada, não sai de casa sem escovar os dentes."

Resolução: Alternativa (a). Única que não possui conectivo.

71. (Instituto Access - 2022 - Prefeitura de Ouro Branco - MG) Considere as proposições:

p: — Vou estudar.
q: — Não estou de folga do trabalho.
r: — Estou bem de saúde.

Nesse caso, "se estou de folga do trabalho ou estou bem de saúde, então eu vou estudar".

Assinale a opção que represente corretamente a proposição acima.
Alternativas

a. $(q \vee r) \rightarrow \neg p$
b. $(\neg q \vee r) \rightarrow p$
c. $(q \wedge r) \rightarrow p$
d. $(\neg q \wedge r) \rightarrow p$

Resolução
"se estou de folga do trabalho ou estou bem de saúde, então eu vou estudar".
Portanto, alternativa (b). (~q V r)→p

72. (IBFC - 2022 - MGS) Considerando o conectivo lógico bicondicional entre duas proposições, é correto afirmar que seu valor lógico é verdade se:

    Alternativas

    a. somente as duas proposições tiverem valores lógicos falsos
    b. somente as duas proposições tiverem valores lógicos verdadeiros
    c. uma proposição tiver valor lógico falso e outra proposição tiver valor lógico verdadeiro
    d. as duas proposições tiverem valores lógicos iguais

    Resolução

p	↔	q
V	V	V
V	F	F
F	F	V
F	V	F

    Portanto, alternativa (d).

73. (IBFC - 2022 - MGS) Sabe-se que o valor de lógico de uma proposição A é verdade e o valor lógico de uma proposição B é falso, então é correto afirmar que:

Alternativas

a. o valor lógico da disjunção entre A e B é verdade
b. o valor lógico da conjunção entre A e B é verdade
c. o valor lógico de A condicional B é verdade
d. o valor lógico do bicondicional entre A e B é verdade

Resolução

a. VERDADE

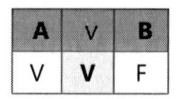

A	v	B
V	V	F

b. FALSO

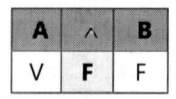

A	∧	B
V	F	F

c. FALSO

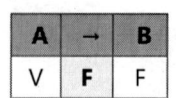

A	→	B
V	F	F

d. FALSO

A	↔	B
V	F	F

Portanto, alternativa (a).

74. (IBFC - 2022 - INDEA-MT) Sabendo que o valor lógico de uma proposição simples p é falso e que o valor lógico de uma proposição simples q é verdade, então é correto afirmar que o valor lógico de:

Alternativas

a. p conjunção q é verdade

b. p disjunção q é falso

c. p bicondicional q é verdade

d. p condicional q, nessa ordem, é verdade

Resolução

a. FALSO

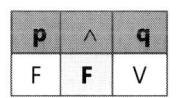

p	∧	q
F	F	V

b. VERDADE

p	∨	q
F	V	V

c. FALSO

p	↔	q
F	**F**	V

d. VERDADE

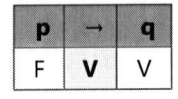

p	→	q
F	**V**	V

Portanto, alternativa (d).

CAPÍTULO 10

1. Qual a expressão algébrica dos circuitos abaixo?

    a.

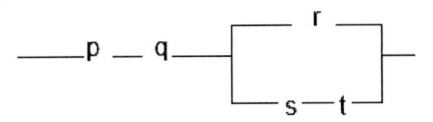

    Resolução: p.q.(r+s.t)

    b.

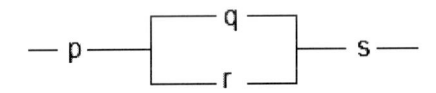

    Resolução: p.(q+r).s

    c.

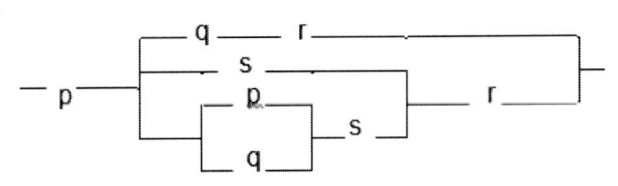

    Resolução: p.(q.r+(s+(p+q).s).r)

    d.

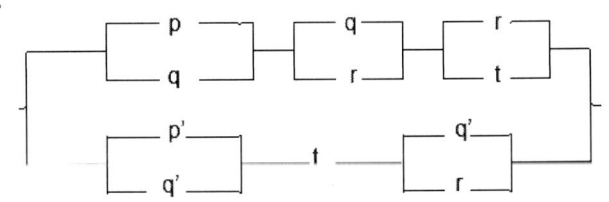

    Resolução: (p+q).(q+r).(r+t) + (p'+q').t.(q'+r)

e.

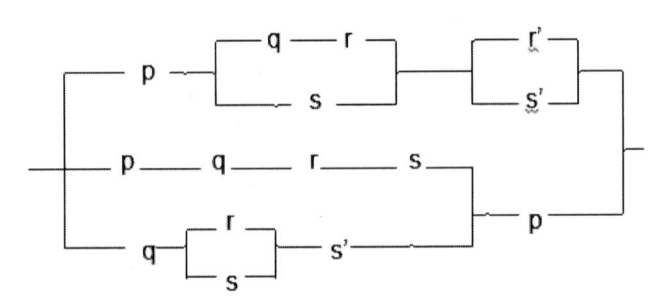

Resolução: p.(q.r+s).(r'+s') + (p.q.r.s + q.(r+s).s').p

f.

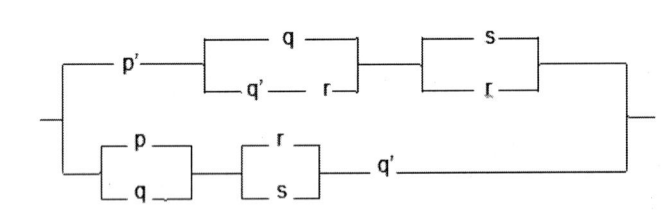

Resolução: p'.(q+q'.r).(s+r) + (p+q).(r+s).q'

2. Qual é o circuito correspondente à expressão dada?

   a. p + (q'. r'. s')

b. p + q + r + s

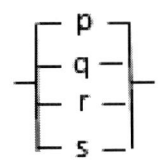

```
    ┌─ p ─┐
─┤  ├─ q ─┤  ├─
    ├─ r ─┤
    └─ s ─┘
```

c. (p . q) + (p' . r)

```
   ┌── p ── q ──┐
─┤              ├─
   └── p' ── r ─┘
```

d. (p' . q) + (p . q')

```
   ┌── p' ── q ──┐
─┤               ├─
   └── p ── q' ──┘
```

e. (p + q) . (p' + q')

```
   ┌─ p ─┐ ┌─ p' ─┐
─┤       ├─┤      ├─
   └─ q ─┘ └─ q' ─┘
```

f. (p + q) . (p + q' + r')

```
   ┌─ p ─┐ ┌─ p' ─┐
─┤       ├─┤  r'  ├─
   └─ q ─┘ └─ q' ─┘
```

CAPÍTULO 11

1. Qual a expressão da região em evidência? Utilize + , . , '

   a.

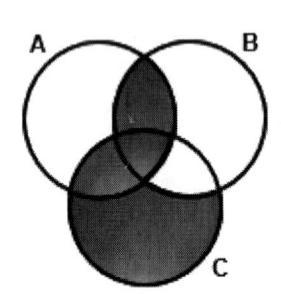

   b.

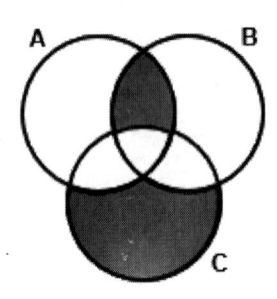

   c.

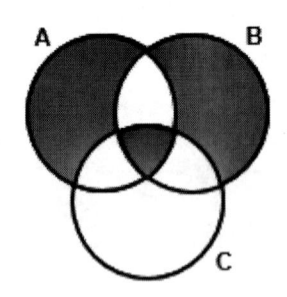

2. Desenhar os diagramas:

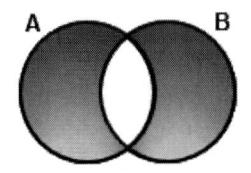

a. A . B' + A'. B

b. A . B' + B . C' + A . B . C

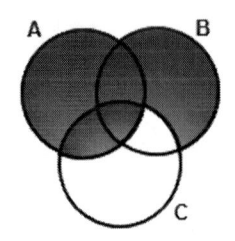

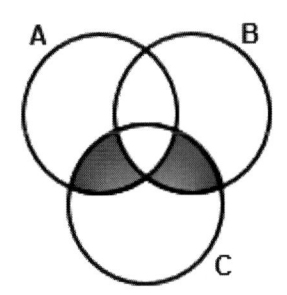

c. (A'. B . C + A . B'. C) . C

3. Numa comunidade são consumidos 3 produtos. Feita uma pesquisa de mercado sobre o consumo destes produtos foram colhidos os resultados: 100 pessoas consomem o produto A, 150 pessoas consomem o produto B, 200 pessoas consomem o produto C, 20 pessoas consomem os produtos A e B, 40 pessoas consomem os produtos B e C, 30 pessoas consomem os produtos A e C, 10 pessoas consomem os produtos A, B e C e 130 pessoas não consomem nenhum dos 3 produtos.

Pergunta-se:

a. quantas pessoas consomem somente 2 produtos? R: 60

b. quantas pessoas não consomem A ou B inclusive? R: 270

c. quantas pessoas consomem pelo menos 2 produtos? R: 70

d. quantas pessoas foram consultadas? R: 500

e. quantas pessoas consomem A e C? R: 30

f. quantas pessoas consomem somente A e C? R: 20

g. quantas pessoas não consomem A? R: 400

h. quantas pessoas consomem somente A? R: 60

i. quantas pessoas não consomem B e C? R: 460

j. quantas pessoas consomem somente 1 produto? R: 300

k. quantas pessoas consomem A ou B exclusive? R: 80

```
        A           B
       ╱─╲   ╱─╲
      60 ╱10╲ 100
         ╲10╱
       20 ╲╱ 30
         140        Nenhuma
           C        ( 130 )
```

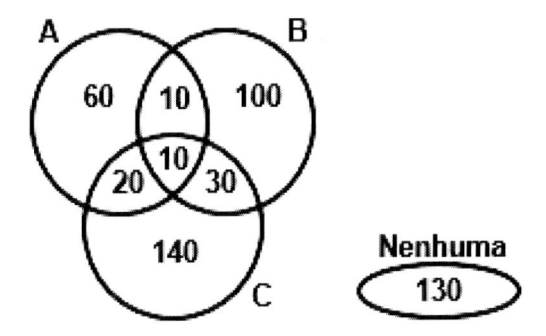

4. Numa pesquisa sobre a preferência de 3 produtos foram colhidos os resultados apresentados na tabela abaixo:

Produtos	N° de pessoas
A	5
B	3
C	3
A e B	1
A e C	2
B e C	3
A, B e C	1
Nenhuma	2

pergunta-se:

a. quantas pessoas preferem o produto B? R: 3

b. quantas pessoas preferem somente o produto B? R: 0

c. quantas pessoas preferem somente A e B? R: 0

d. quantas pessoas preferem no mínimo 2 produtos? R: 4

- **e.** quantas pessoas preferem somente 1 produto? R: 7
- **f.** quantas pessoas não preferem A ou C inclusive? R: 2
- **g.** quantas pessoas não preferem A ou B exclusive? R: 9
- **h.** quantas pessoas não preferem A e C? R: 11
- **i.** quantas pessoas não preferem somente B e C? R: 11
- **j.** quantas pessoas foram consultadas? R: 13

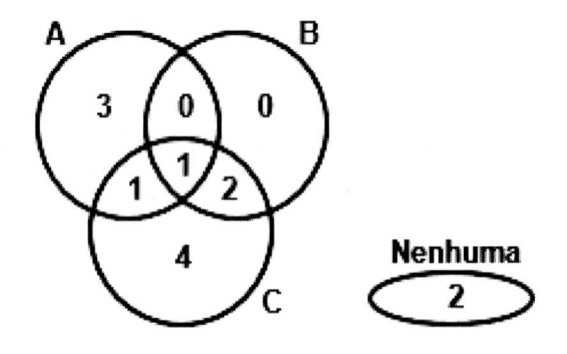

CAPÍTULO 12

1. Simplifique algebricamente o circuito abaixo.

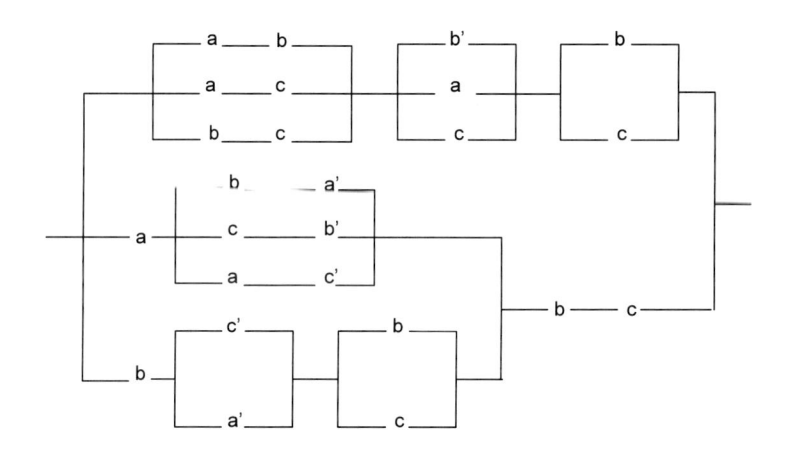

(ab + ac + bc) (a+b'+c) (b + c) + (a (a'b + b'c + ac') + b ((c' + a') (b + c)) bc
(ab + abc + ab'c + ac + bc) (b + c) + (ab'c + ac' + bc' + a'b + a'bc) bc
ab + abc + ac + ab'c + bc + a'b + a'bc
ab (1 + c) + ac (b' + 1) + bc (1+a') + a'b
ab + ac + bc + a'b
b (a + c + a') + ac
b + ac

é equivalente a

2. Mostre que xy' + x'y + xz' + x'z = xy' + yz' + x'z

xy' (z + z') + x'y (z + z') + xz' (y + y') + x'z (y + y')
xy'z + xy'z' + x'yz + x'yz' + xyz' + x'y'z
xy' (z + z') + yz' (x + x') + x'z (y + y')
xy' + yz' + x'z

3. Simplifique algebricamente o circuito a seguir:

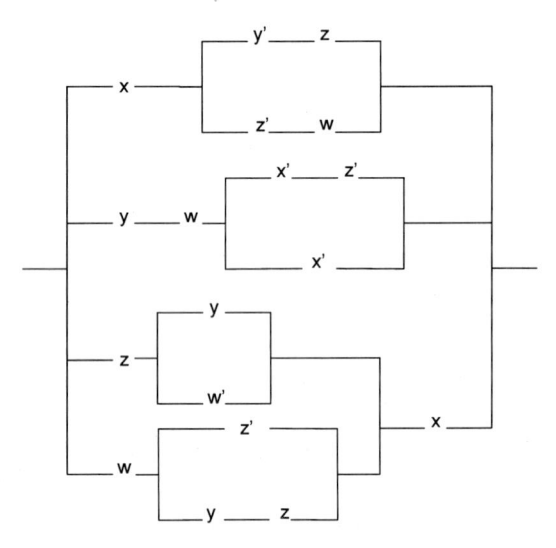

[circuit diagram]

x (y'z + z'w) + yw (x'z' + x') + (z (y + w') + w (z' + yz)) x
xy'z + xz'w + x'yz'w + x'yw + xyz + xzw' + xz'w + xyzw
x (y'z + z'w + yz + zw' + z'w + yzw) + x'yw (z' + 1)
x (z (y' + y + w' + yw) + z'w) + x'yw
x (z + z'w) + x'yw

é equivalente a

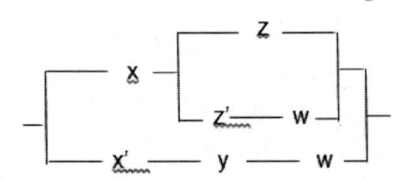

[circuit diagram]

4. Simplifique algebricamente o circuito a seguir:

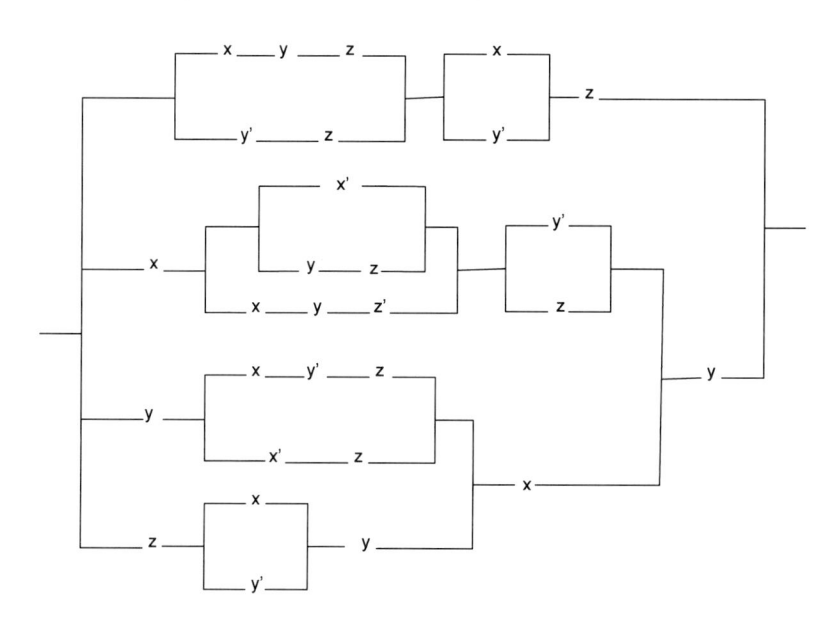

(xyz + y′z) (x + y′) z + (x ((x′ + yz + xyz′) (y′ + z)) + (y (xy′z + x′z) + z (x + y′) y) x) y
xyz + xy′z + y′z + ((xyz +xyz′).(y′+z) + (xy′z +xyz).x).y)
xyz + xy′z + y′z + (xyz) y
xyz + xy′z + y′z
z (xy + xy′ + y′)
z (x (y + y′) + y′)
z (x + y′)

é equivalente a

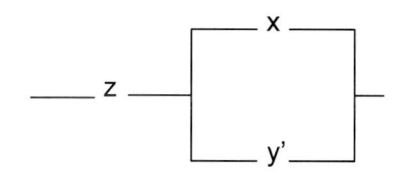

5. Suponhamos que B é uma álgebra de Boole sobre o conjunto {0, x, x', y, y', z, z', 1} e seja f uma função booleana tal que:

f (0,0,1) = a'
f (1,1,0) = f (1,0,0) = f (0,1,1) = a
f (1,0,1) = f (0,1,0) = b
f (1,1,1) = 1
f (0,0,0) = c
determinar f(a,b',c') = ?

Resolução
f (x,y,z) = f (1,1,1) xyz + f (1,1,0) xyz' + f (1,0,1) xy'z + f (1,0,0) xy'z' +
f (0,1,1) x'yz + f (0,1,0) x'yz' + f (0,0,1) x'y'z + f (0,0,0) x'y'z'
f(a,b',c') = 1.ab'c' + a.ab'c + b.abc' + a.abc + a.a'b'c' + b.a'b'c + a'.a'bc' + c.a'bc
f(a,b',c') = ab'c' + ab'c + abc' + abc + a'bc' + a'bc
f(a,b',c') = a(b'(c'+c) + b(c'+c)) + a'b(c'+c)
f(a,b',c') = a + a'b
f(a,b',c') = (a+a') + (a+b)
f(a,b',c') = a+b

6. Prove que x + x = x segundo a álgebra de Boole.

Resolução
(x + x) . 1   A8
(x + x) . (x + x')   A9
x + (x . x')   A5
x + 0   A9
x   A7

7. Prove que x + 1 = 1 segundo a álgebra de Boole.

Resolução
(x + 1) . 1   A8

(x + 1) . (x + x')   A9
x + (1 . x')   A5
x + x'   A8
1   A9

8. Representar geometricamente as funções:

a. f (x,y,z) = x' + yz

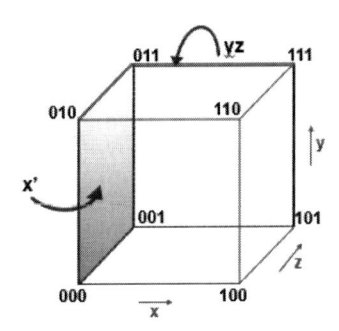

Resolução: x'(y+y') + yz(x+x')
x'y(z+z') +x'y'(z+z') +xyz + x'yz
x'yz +x'yz' + x'y'z + x'y'z' + xyz
011 010   001   000   111

b. f (x,y,z) = xy + z'

Resolução: xy(z+z') + z'(y+y')
xyz + xyz' +yz' (x+x') + y'z'(x+x')
xyz + xyz' + x'yz' + xy'z' + x'y'z'
111 110   010   100   000

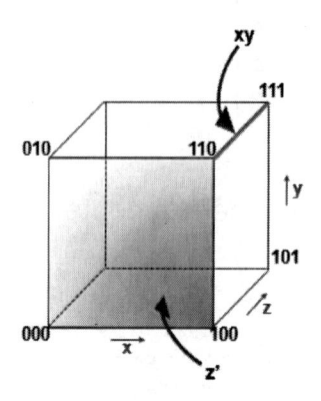

c. $f(x,y,z) = xy'z + xyz$

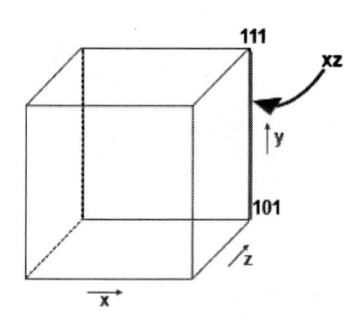

Resolução: xy'z + xyz
          101   111

d. $f(x,y,z) = xy + yz + xz$

Resolução: $xy(z+z') + yz(x+x') + xz(y+y')$

xyz + xyz' + x'yz + xy'z
111 110   011   101

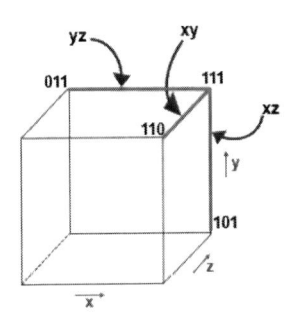

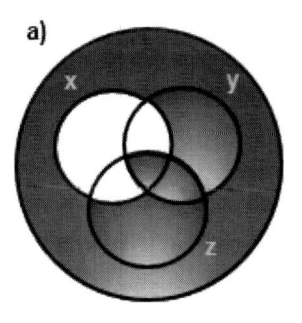

9. Desenhar os círculos de Euler das funções do exercício 8.

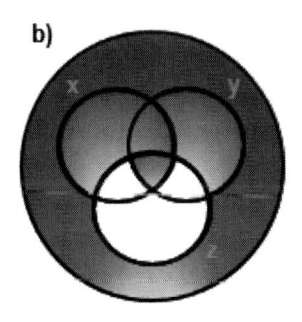

c)

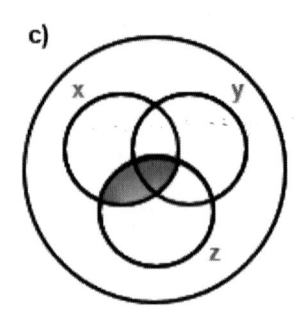

d)

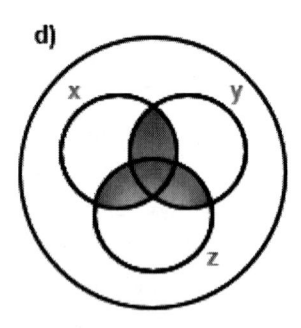

10. Qual a forma padrão das funções do exercício 8.

Resolução

    a. $f(x,y,z) = x' + yz$

    $f(x,y,z) = x'yz + x'yz' + x'y'z + x'y'z' + xyz$

    b. $f(x,y,z) = xy + z'$

    $f(x,y,z) = xyz + xyz' + x'yz' + xy'z' + x'y'z'$

    c. $f(x,y,z) = xy'z + xyz$

    d. $f(x,y,z) = xy + yz + xz$

    $f(x,y,z) = xyz + xyz' + x'yz + xy'z$

11. Simplifique algebricamente as funções da questão 10 (prova real da questão 8).

a. f (x,y,z) = x'yz + x'yz' + x'y'z + x'y'z' + xyz

$\quad$ = x'(y(z+z') + y'(z+z')) + xyz
$\quad$ = x' + xyz
$\quad$ = (x' + x) + (x' + yz)
$\quad$ = x' + yz

b. f (x,y,z) = xyz + xyz' + x'yz' + xy'z' + x'y'z'

$\quad$ = xyz + yz'(x+x') + y'z'(x+x')
$\quad$ = xyz + yz' + y'z'
$\quad$ = xyz + z'(y+y')
$\quad$ = xyz + z'
$\quad$ = (xy + z') + (z + z')
$\quad$ = xy + z'

c. f (x,y,z) = xy'z + xyz

$\quad$ = xz(y+y')
$\quad$ = xz

d. f (x,y,z) = xyz + xyz' + x'yz + xy'z

$\quad$ = xy(z+z') + x'yz + xy'z
$\quad$ = xy + x'yz + xy'z
$\quad$ = y((x+x')+(x+z)) + xy'z
$\quad$ = xy + yz + xy'z
$\quad$ = xy + z((y+x) + (y+y'))
$\quad$ = xy + yz + xz

BIBLIOGRAFIA

ALENCAR FILHO, Edgard de. Iniciação à lógica matemática. São Paulo, Nobel,1976.

BOYER, Carl B. História da matemática; tradução: Elza F. Gomide. São Paulo, Editora Edgard Blücher Ltda., 1974.

CASTRUCCI, Benedito. Introdução à lógica matemática. São Paulo, Nobel, 1975.

DAGHLIAN, Jacob. Lógica e álgebra de Boole. São Paulo, Atlas, 1986.

GERSTING, Judith L. Fundamentos matemáticos para a ciência da computação. Rio de Janeiro, LTC, 2001.

HAZZAN, Samuel. Fundamentos da matemática elementar. São Paulo, Atual,1993.

MARIANO, Fabrício. Raciocínio lógico para concursos. Rio de Janeiro, Elsevier, 2008.

MENDELSON, Elliott. Álgebra booleana e circuitos de chaveamento. São Paulo, Mc Graw-Hill do Brasil, 1977.

NERICI, Imideo Giuseppe. Introdução à lógica. São Paulo, Nobel, 1976.

QUILELLI, Paulo. Raciocínio lógico-matemático. São Paulo, Saraiva, 2015.

SILVA, Flávio Soares Corrêa da. Lógica para computação. São Paulo, Cengage Learning, 2010.